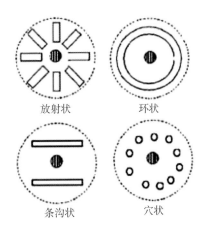

放射状　　　　　　环状

条沟状　　　　　　穴状

图3-1　土壤施肥方法

图3-2　核桃园秋季树行开沟施肥

图4-1　塑料穴灌器（桶）

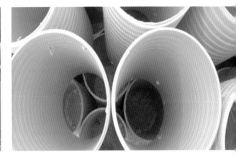

图4-2　底部周边有渗水孔

图4-3　山西临汾旱井集水

图4-4　澳大利亚核桃园滴灌法

图4-5 孝义碧山核桃公司滴灌

图4-6 滴头每小时6升水

图5-1 核桃雄花开放

图5-2 核桃雌花开放

图6-1 中林1号坚果外表

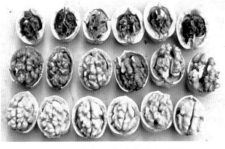

图6-2 中林1号对应核仁质量

图6-3　鲁光坚果外表

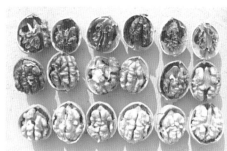

图6-4　鲁光坚果对应核仁质量

图6-5　核桃坚果成熟适期

图6-6　核桃成熟过度

图6-7　人工用木杆敲落采收

图6-8　澳大利亚机械振动摇落采收

图6-9 机械清洗法

图6-10 架式分层自然晾干

图6-11 多层架移动式自然晾晒

图6-12 自然晾干法

图6-13 美国天然气箱式烘干法

图6-14 美国大型电热烘干法

图7-1　举肢蛾成虫

图 7-2　举肢蛾幼虫为害状

图7-3　小吉丁虫为害枝条

图7-4　小吉丁虫为害皮层

图7-5　铜绿金龟子成虫

图7-6　金龟子幼虫

图7-7　核桃横沟象为害状

图7-9　腐烂病发生初期

图7-8　核桃炭疽病

图8-1　严重霜冻地上部冻死

图7-10　腐烂病旧病疤

图8-2　轻微霜冻

图8-3　主干冻裂

图8-4　冻害引起枝干腐烂病

图8-5　小树套塑料袋装土越冬

图8-6　较大的树双层套袋越冬

现代核桃管理手册

王　贵　主编

中国农业出版社

本书编写人员

主　编　王　贵

编著者　（以姓氏笔画为序）

王　贵　　王金中　　王建义　　王海荣

王新明　　任晓平　　刘欣萍　　杜庆丰

辛曙光　　张彩红　　武　静　　贺　奇

梁同灵　　梁新民　　燕晓晖　　魏晓斌

前言 ▶▶

核桃是我国重要的经济树种，在农村经济发展和农民脱贫致富方面起到了极其重要的作用。21世纪以来，由于国家的大力支持，核桃产业迅猛发展，全国栽培总面积达到450万公顷以上，总产量达到240万吨以上，核桃产业出现了空前的喜人景象，为农民脱贫致富找到了切入点。但目前的单位面积产量尚较低，效益滞后，表现为一大批幼树不能适龄结果，一大批成龄树适龄结果较少，产品质量差异较大。有些核桃园品种混杂，有些树未老先衰。造成这种状况的主要原因是缺乏科学规划和管理，其中包括核桃树的地上地下管理。

近年来，我们坚持科研与生产相结合，逐步建立和完善核桃栽培管理与整形修剪中的数字化理论。通过综合管理实践，得出可靠结论，再通过反复实践，确认数字化理论的正确性和在管理实践中指导的规范性，从而实现核桃园的科学管理，使良种核桃园每亩产量达到300千克以上，最高达到500千克以上。

为此，我们编写了《现代核桃管理手册》一书，是《现代核桃修剪手册》的姊妹篇，希望能在农村产业结构调整，促进核桃产业可持续发展中发挥一点作用。

限于我们的水平，编写时间又较短促，书中不妥之处，敬请各位同仁批评指正。

编　者

2016.12

目 录 ▶▶

第 一 章

概　述

　　我国是核桃生产与消费大国，面积和产量多年位居世界第一，其栽培历史源远流长。长期以来，我们的祖先就栽培核桃，并总结出了一套完善的管理经验。随着社会发展和科学技术的进步，核桃产业的发展也迈向了一个新的历史阶段。

一、我国核桃园的管理现状

　　我国核桃栽培目前还是一个从粗放管理向科学管理的过渡阶段。从产量的构成来讲，60％～70％是良种核桃，30％～40％是实生核桃。从果园类型来讲，新品种园属于纯核桃园的占到80％左右，林粮间作和零星树占到20％左右。传统的老核桃产区，多数为地边、地埂或零星栽植，没有品种，质量混杂，良莠不齐。由于核壳较厚，缝合线紧，有些还是夹核桃或二性核桃，但核桃风味尚佳。

　　1. 从我国核桃园的管理体制来讲，由于延续了改革开放以来农村土地管理的办法，树随地走。土地占有多少，核桃树就有多少。近几年来，国家颁布了土地流转政策，产生了核桃公司、核桃专业合作社。另外，通过承包荒山荒坡、小流域治理等产生了一些较大的、不同类型的核桃园。总体来讲，面积较大，但很不平衡，无论从发展规模、管理模式、技术水平都有较大的差别。

　　2. 从核桃园的建设标准和投资管理水平来讲，各不相同。目前最好的一些核桃园是公司或股份公司所建，他们认识到位，资金充足，注重科学设计和技术管理。所以核桃园的产量和效益均较高，如新疆的和田、阿克苏等地区是我国良种核桃园管理水平较高的地区。叶城的核桃单产达到 160 千克。新疆土地广袤平坦，有灌溉条件，属于兵团和公司建设。山西的运城、河北的石家庄、河南的卢氏、陕西的商洛都有较好的高产示范园。公司性质的核桃园，基本规范，有设计有技术，管理有序，每亩*核桃园经济效益达到 6 000～10 000 元，加上间作收入，有些超过 1 万元。农民个体专业户小面积单产各地都有超过 300 千克的地方，但大面积管理水平较低。主要表现在分散的农户，各县林业部门提供苗木，工队栽植服务，3 年后交付农户。这些核桃园效果较差，或者说很差。由于地块分散，品种混杂，面积较小，农户缺乏劳力，男劳力外出打工，家里只有妇女老人，投资管理不到位。可能这一部分正是今后土地流转的对象。

3. 从核桃园的技术管理水平来讲，很不平衡，整体显示出缺乏技术管理的局面。我国核桃面积的发展和技术管理水平的提高速度极不一致。2002—2012 年我国核桃产业的发展正是大规模扩展的阶段，主要省份一年上百万亩的发展，而没有相应的技术培训，土地面积也没有进行大范围的规模流转，在分散的面积里，资金投入不够，匆匆栽植发展。现在问题显而易见，政府又开始投入大量资金进行低产林改造，任务艰巨而耗时。在整改的过程中，需要加强技术培训，结合新型农民职业技术教育，加大核桃技术培训力度，整体提高农民素质和管理技术。根据管理经验，一个技术劳动力可以管理幼龄园 30～50 亩，管理成龄园 20～30 亩。那么，我国 450 万公顷（6 750 万亩），需要管理技术人员 300 多万名。培训是个巨大的工程，难度是农民分散，组织困难，而且文化基础差，不少地方是老弱病残。在许多丘陵山区，贫困户不少，核桃产业还是脱贫的首选产业，因此，培训大批农民技术人员就成了扶贫的重要

---

* 亩为非法定计量单位，1 亩≈667 米^2。——编者注

工程，急需整合多方资金，正规培训，滚动发展。

4. 从核桃产业链的后续工程——加工来看，我国核桃的加工规模较小，产品类别较少，优质品牌更少。加工量不到总产量的20%，而美国核桃的加工量为45%左右。原因大概有三个：一是我国人口多，是一个消费大国，需求量较多，市场上还没有更多的剩余核桃；二是我国的核桃产业发展较快，还没有来得及广泛开展加工工业，大型的加工企业不多，尚属等待、观望阶段；三是我国核桃的加工产品消费市场还没有热到一定程度。特别是进口核桃的冲击，市场有点疲软，国内核桃产品的宣传力度还不够。但从中央对发展木本油料树种的支持力度可以看出，我国食用油的缺口达到70%，食用油的加工是今后加工业的重点。纯核桃油的市场不大，消费人群不多。如果把核桃油调和，进入到百姓家庭，市场额度却很大。如何调和，降低成本价格，进入百姓市场是个发展方向，值得深思。

5. 从核桃产业的发展趋势来讲，一定是标准化，规模化，园艺化，逐步与世界接轨。我国进入世贸组织以来，核桃产品同其他产品一样，出现了平等竞争。这就要求我们具有远大目光，立足市场，重视科学，放眼未来。从根本抓起，从良种和管理抓起，从宣传和培训抓起，赶上世界核桃产业发展的先进水平。

二、现代核桃园的管理标准

核桃产业的快速发展，要求我们逐步实现产业标准化。目前我国已经制定多个核桃标准：如国家标准、行业标准、地方标准和企业标准等。尤其是地方标准，大部分核桃省份均有各种标准，包括栽培技术标准、育苗标准，有的制定了综合标准，其中都有详细的标准内容。关键是标准的实施情况不容乐观，各地在核桃新技术培训中没有把标准列入重要内容。在各地的培训中发现，不少林业部门自行修改编制了一些培训材料，质量不高，虽然减少了费用，降低了支出，但效果不佳。我们主张采用国家和省各类标准作为教材或培训资料，加上专家培训的新内容，更切合实际，更重要的是强化示范园建设，把室内培训和标准化示范园实地培训结合起来，贯彻标准的实际效果会更好。

第二章

核桃园的土壤管理

一、立地条件

核桃园的立地条件决定了核桃园的气候土壤状况。如平地和山地，水地和旱地，南部与北部，由于地理位置、降雨与灌溉的不同，形成了土壤的养分含量不同。在具体栽培当中，首先应当对土壤进行分析化验，即采集不同地段、不同深度的土壤样本，送交大学或研究部门的有关化验室进行土壤养分分析。因为土壤质地不同养分不同，在长期的自然分化当中，土壤养分的含量有较大的差别。土壤的好坏关系到品种、密度、栽植模式等多方面的选择，也是科学发展的第一步。也就是我们经常提到的适地适树原则。适地适树除考虑土壤条件外，也要考虑气候特点。海拔高度与纬度的不同，其无霜期不同。核桃的无霜期需要在160天以上，低于160天，积温不够，而且春季常常伴有霜冻和抽梢，不但影响核桃的生长和发育，还影响核桃产业的可持续发展。无霜期在160天到240天这个适宜的区间，差别也很大，所以，在不同的栽培区域一定要选择适当的优良品种。

二、土壤类型

我国的土壤分类是在借鉴国外土壤分类制的基础上，不断发展和不断完善的。在不同的历史时期存在着不同的土壤分类体系，20

世纪初期借鉴美国的马伯特土壤分类制；50 年后采用了苏联的土壤地理发生分类制；经过 1958 年和 1978 年的两次全国土壤普查，发现了许多新的土壤类型，至 1984 年拟订了《中国土壤分类系统》（修订稿），划分了土纲、土类、亚类等单元。1992 年经过反复讨论，最后确立了 12 个土纲、28 个亚纲、61 个土类、233 个亚类的《中国土壤分类系统》。这一分类系统的逐步改进和制订，代表了全国土壤普查的科学水平。

土壤类型较为复杂，我国地域辽阔，在长期的自然分化中形成了各种土壤类型。简单地说土壤可分为：黏土、壤土、沙土。土壤，是由一层层厚度各异的矿物质成分所组成的大自然主体。土壤和母质层的区别表现在于形态、物理特性、化学特性以及矿物学特性等方面。由于地壳、水蒸气、大气和生物圈的相互作用，土层有别于母质层。它是矿物和有机物的混合组成部分，存在着固体、气体和液体状态。疏松的土壤微粒组合起来，形成充满间隙的土壤形式。这些孔隙中含有溶解溶液（液体）和空气（气体）。因此，土壤通常被视为有多种状态。大部分土壤的密度为 $1\sim2$ 克/厘米^3。

山西、河北、辽宁三省连接的丘陵低山地区，以及陕西关中平原，属于暖温带半湿润、半干旱季风气候。年平均气温 $9\sim14℃$，年降水量 $500\sim700$ 毫米，一半以上都集中在夏秋季，冬春季干旱。植被以中生和旱生森林灌木为主。淋溶程度不很强烈，有少量碳酸钙淀积。土壤呈中性、微碱性反应，矿物质、有机质积累较多，腐殖质层较厚，肥力较高。

三、土壤特性

1. 黏土 土壤质地致密，颗粒较小，含沙粒较少，黏性较大，土壤的有机质含量较多。因此，土壤的通透性较差，肥水不易流失，但根系的呼吸受到一定的影响，特别是雨季，地面水分下渗缓慢，容易形成积水。黏土是含沙粒很少、有黏性的土壤，水分不容易从中通过。黏土是可塑性的，包括高岭土、多水高岭土、颗粒非常小的（＜2 微米）硅酸铝盐。除了铝外，黏土还包含少量镁、铁、钠、钾和钙。

2. 壤土 比较适宜核桃树生长。质地松软，通透性较好，增施有机肥会增加土壤团粒结构。对于核桃树根系吸收具有重要意义。壤土颗粒组成中是黏粒、粉粒、沙粒含量适中的土壤。质地介于黏土和沙土之间，兼有黏土和沙土的优点，通气透水、保水保温性能都较好，是较理想的农业土壤。这类土壤，含沙粒较多的称沙壤土（沙质壤土），含黏粒较多的称黏壤土（黏质壤土）。

3. 沙土 土壤质地松散，黏度较小。通透性虽好，但容易引起养分和水土流失。根据国际制的规定，沙土含沙粒可达 85%～100%，而细土粒仅占 0～15%。中国规定，沙粒（粒径 1～0.05毫米）含量大于 50% 为沙土。沙土保水保肥能力较差，养分含量少，土温变化较快，但通气透水性较好，并易于耕种。对于这样的土壤，应当进行改良后利用才好，否则，对核桃树的生长和发育有一定的影响。

四、土壤养分状况

土壤质地、土壤类型不同，养分差别很大。土壤是核桃生长发育的基础，土地好，即指土壤的立地条件和养分状况好，反之，则差。根据多年多地的土壤分析结果，国家提出了土壤养分含量参考表（表2-1至表2-4）。生产经营者可根据自己的土地营养情况进行盈亏调整。

表 2-1　土壤养分分级指标

编码	pH	碳酸钙 (%)	有机质 (%)	全氮 (%)	全磷 (%)	有效磷 (毫克/千克)	全钾 (%)	速效钾 (毫克/千克)
1	≤4.5	≤0.25	>4.00	>0.200	>0.100	>20	>2.50	>200
2	4.6～5.5	0.26～1.0	3.01～4.00	0.151～0.200	0.081～0.100	16～20	2.01～2.00	151～200
3	5.6～6.5	1.1～3.0	2.01～3.00	0.101～0.150	0.061～0.080	11～15	1.51～2.00	101～150

（续）

编码	pH	碳酸钙 (%)	有机质 (%)	全氮 (%)	全磷 (%)	有效磷 (毫克/千克)	全钾 (%)	速效钾 (毫克/千克)
4	6.6~7.5	3.1~5.0	1.01~2.00	0.076~0.100	0.041~0.060	6~10	1.01~1.50	51~100
5	7.6~8.5	5.1~15.0	0.61~1.00	0.051~0.075	0.021~0.040	4~5	0.51~1.00	31~50
6	8.6~9.0	>15	≤0.60	≤0.050	≤0.020	≤3	≤0.5	≤30

表 2-2　土壤微量元素含量分级

编码	有效铜 (毫克/千克)	有效锌 (毫克/千克)	有效铁 (毫克/千克)	有效锰 (毫克/千克)	有效钼 (毫克/千克)	有效硼 (毫克/千克)
1	>1.80	>3.00	>20	>30	>0.30	>2.00
2	1.01~1.80	1.01~3.00	10.1~20	15.1~30	0.21~0.30	1.01~2.00
3	0.21~1.00	0.51~1.00	4.6~10	5.1~15.0	0.16~0.20	0.51~1.00
4	0.11~1.20	0.31~0.50	2.6~4.5	1.1~5.0	0.11~0.15	0.21~0.50
5	—	≤0.30	—	—	≤0.10	≤0.20

表 2-3　土壤酸碱度分级标准

酸碱度分级	pH
强酸	≤4.5
酸性	4.5~5.5
微酸	5.5~6.5
中性	6.5~7.5
微碱性	7.5~8.5
强碱性	≥8.5

表2-4 土壤容重分级标准

容重分级	容重（克/厘米^3）
过松	$\leqslant 1.00$
适宜	$1\sim1.25$
偏紧	$1.25\sim1.35$
紧实	$1.35\sim1.45$
过紧实	$1.45\sim1.55$
坚实	$\geqslant1.55$

栽培核桃中应选择酸碱度为中性、容重为适宜级的土壤（表2-3，表2-4），偏碱、偏酸、过松、过紧的土壤都需要进行改良，理想的土壤养分含量高，吸收利用率高，核桃的产量品质高，经济效益好。

五、土壤改良

土壤改良是针对土壤的不良性状和障碍因素，采取相应的物理或化学措施，改善土壤性状，提高土壤肥力，提高作物产量，以及改善人类生存的土壤环境的过程。土壤改良工作一般根据各地的自然条件、经济条件，因地制宜地制定切实可行的规划，逐步实施，以达到有效地改善土壤生产性状和环境条件的目的。

土壤改良过程共分两个阶段：①保土阶段。采取工程或生物措施，使土壤流失量控制在容许流失量范围内。如果土壤流失量得不到控制，土壤改良亦无法进行。对于耕作土壤，首先要进行农田基本建设。②改土阶段。其目的是增加土壤有机质和养分含量，改良土壤性状，提高土壤肥力。改土措施主要是种植豆科绿肥或多施农家肥。当土壤过沙或过黏时，可采用沙黏互掺的办法。

用化学改良剂改变土壤酸性或碱性的一种措施称为土壤化学改良。常用的化学改良剂有石灰、石膏、磷石膏、氯化钙、硫酸亚铁、腐殖酸钙等，视土壤的性质而择用。如对碱化土壤需施用石膏、磷石膏等以钙离子交换出土壤胶体表面的钠离子，降低土壤的pH。对酸性土壤，则需施用石灰性物质。化学改良必须结合水利、农业等措施，才能取得更好的效果。

采取相应的农业、水利、生物等措施，改善土壤性状，提高土壤肥力的过程称为土壤物理改良。具体措施有：土壤改良适时耕作，增施有机肥，改良贫瘠土壤；客土、漫沙、漫淤等，改良过沙过黏土壤；平整土地；设立灌、排渠系，排水洗盐、种稻洗盐等，改良盐碱土；植树种草，营造防护林，设立沙障、固定流沙，改良风沙土等。

第三章

核桃园的肥料管理

据法国与美国研究，每产 100 千克坚果要从土壤中带走纯氮 1.45 吨，纯磷 0.18 吨，纯钾 0.47 千克，纯钙 0.15 千克，纯镁 0.03 千克。又据叶片分析，正常叶含纯元素：氮 2.5％～3.25％，磷 12％～50％，钾 1.2％～3.0％，钙 1.25％～2.0％，镁 0.3％～1.0％，硫 170～400 毫克/千克，锰 3～6 毫克/千克，硼 44～212 毫克/千克，锌 16～30 毫克/千克，铜 4～20 毫克/千克，钡 450～500 毫克/千克。这就说明生产核桃消耗了土壤中不同养分的不同含量，每年需要根据消耗情况及时给予补充。否则，下一年的产量、品质和树势都会受到一定的影响。如何进行肥料管理是一件很不容易的事，对于目前的生产经营者来讲，一是缺乏科学技术，对肥料了解不够深刻；二是投资成本高，资金困难；三是不懂科学配方施肥，浪费严重。管理好核桃园的肥料使用可有效提高果品产量、品质和经济效益。

一、有机肥的种类与养分含量

有机肥料是天然有机质经微生物分解或发酵而成的一类肥料。中国又称农家肥。其特点是：原料来源广，数量大；养分全，含量低；肥效迟而长，须经微生物分解转化后才能为植物所吸收；改土培肥效果好。常用的自然肥料品种有人粪尿、绿肥、厩肥、堆肥、沤肥、沼气肥和废弃物肥料等。

（一）人粪尿

人体排泄的尿和粪的混合物。人粪含 70％～80％水分，20％的有机质（纤维类、脂肪类、蛋白质和硅、磷、钙、镁、钾、钠等盐类及氯化物），及少量粪臭质、粪胆质和色素等。人尿含水分和尿素、食盐、尿酸、马尿酸、磷酸盐、铵盐、微量元素及生长素等。人粪尿中常混有病菌和寄生虫卵，施前应进行无害化处理，以免污染环境。在清理粪池以前可适当撒一些硫酸亚铁（黑矾），很快就会腐熟氧化，硫酸亚铁也有杀菌作用。较大的菜园、果园、核桃园应当修建化粪池，将收集到的人粪尿加入一些硫酸亚铁，一周后即可使用。人粪尿碳氮比（C/N）较低，极易分解；含氮素较多，腐熟后可作速效氮肥用，作基肥或追肥均可，宜与磷、钾肥配合施用。但不能与碱性肥料（草木灰、石灰）混用；每次用量不宜过多；旱地应加水稀释，施后覆土；水田应结合耕田，浅水匀泼，以免挥发、流失和使作物徒长。忌氯作物不宜用，以免影响品质。

（二）厩肥

家畜粪尿和垫圈材料、饲料残茬混合堆积并经微生物作用而成的肥料。富含有机质和各种营养元素。各种畜粪尿中，以羊粪的氮、磷、钾含量高，猪、马粪次之，牛粪最低；排泄量则牛粪最多，猪、马类次之，羊粪最少。垫圈材料有秸秆、杂草、落叶、泥炭和干土等。厩肥分圈内积制（将垫圈材料直接撒入圈舍内吸收粪尿）和圈外积制（将牲畜粪尿清出圈舍外与垫圈材料逐层堆积）。经嫌气分解腐熟。在积制期间，其化学组分受微生物的作用而发生变化。厩肥的作用：①提供植物养分。包括必需的大量元素氮、磷、钾、钙、镁、硫和微量元素铁、锰、硼、锌、钼、铜等无机养分；氨基酸、酰胺、核酸等有机养分和活性物质如维生素 B_1、维生素 B_6 等。保持养分的相对平衡。②提高土壤养分的有效性。厩肥中含大量微生物及各种酶（蛋白酶、脲酶、磷酸化酶），促使有机态氮、磷变为无机态，供作物吸收。并能使土壤中钙、镁、铁、铝等形成稳定络合物，减少对磷的固定，提高有效磷含量。③改良土壤结构。腐殖质胶体促进土壤团粒结构形成，降低容重，提高土壤的通透性，协调水、气矛盾。还能提高土壤的缓冲性。④培肥地力，提高土壤的保肥、保水力。厩肥腐熟后主要作基肥用。新鲜厩肥的养分多为有机态，碳氮比值大，不宜直接施用。

（三）堆肥

作物茎秆、绿肥、杂草等植物性物质与泥土、人粪尿、垃圾等混合堆置，经好气微生物分解而成的肥料。多作基肥，施用量大，可提供营养元素和改良土壤性状，尤其对改良沙土、黏土和盐渍土有较好效果。

堆制方法，按原料的不同，分高温堆肥和普通堆肥。高温堆肥以纤维含量较高的植物物质为主要原料，在通气条件下堆制发酵，产生大量热量，堆内温度高（50～60℃），因而腐熟快，堆制快，养分含量高。高温发酵过程中能杀死其中的病菌、虫卵和杂草种子。普通堆肥一般掺入较多泥土，发酵温度低，腐熟过程慢，堆制时间长。堆制中使养分化学组成改变，碳氮比值降低，能被植物直接吸收的矿质营养成分增多，并形成腐殖质。

堆肥腐熟良好的条件：①水分。保持适当的含水量，是促进微生物活动和堆肥发酵的首要条件。一般以堆肥材料量最大持水量的60%～75%为宜。②通气。保持堆中有适当的空气，有利好气微生物的繁殖和活动，促进有机物分解。高温堆肥时更应注意堆积松紧适度，以利通气。③保持中性或微碱性环境。可适量加入石灰或石灰性土壤，中和调节酸度，促进微生物繁殖和活动。④碳氮比。微生物对有机质正常分解作用的碳氮比为 25∶1。而豆科绿肥碳氮比为（15～25）∶1、杂草为（25～45）∶1、禾本科作物茎秆为（60～100）∶1。因此，根据堆肥材料的种类，加入适量的含氮较高的物质，以降低碳氮比值，促进微生物活动。

(四) 沼气肥

作物秸秆、青草和人粪尿等在沼气池中经微生物发酵制取沼气后的残留物。富含有机质和必需的营养元素。沼气发酵慢,有机质消耗较少,氮、磷、钾损失少,氮素回收率达 95%、钾在 90% 以上。沼气水肥作旱地追肥;渣肥作水田基肥,若作旱地基肥施后应覆土。沼气肥出池后应堆放数日后再用。

(五) 废弃物肥料

以废弃物和生物有机残体为主的肥料。其种类有:生活垃圾;生活污水;屠宰场废弃物;海肥(沿海地区动物、植物性或矿物性物质构成的地方性肥料)。

(六) 天然矿物质肥料

矿物质肥,包括钾矿粉、磷矿粉、氯化钙、天然硫酸钾镁肥等没有经过化学加工的天然物质。此类产品要通过有机认证,并严格按照有机标准生产才可用于有机农业。另外值得一提的是,在补钾方面可选用取得有机产品认证的中信国安"有机天然硫酸钾镁肥",该钾肥填补了有机天然矿物肥的国内空白,解决了有机农业补钾难的问题。

(七) 其他肥料

此外,还有泥肥、熏土、坑土、糟渣和饼肥等。土肥类应经存放和晾干,糟渣和饼肥经腐熟后用作基肥。

二、有机肥料的特点、地位和作用

中国农民有使用有机肥的传统,十分重视有机肥的使用。美国、西欧、日本等发达国家和地区,正在兴起"生态农业""有机农业",十分重视使用有机肥料,并把有机肥料规定为生产绿色食品的主要肥源。

（一）有机肥料的特点

施用有机肥料最重要的一点就是增加了土壤的有机物质。有机质的含量虽然只占耕层土壤总量的百分之零点几至百分之几，但它是土壤的核心成分，是土壤肥力的主要物质基础。有机肥料对土壤的结构，土壤中的养分、能量、酶、水分、通气和微生物活性等有十分重要的影响。

有机肥料含有植物需要的大量营养成分，对植物的养分供给比较平缓持久，有很长的后效。有机肥料还含有多种微量元素。由于有机肥料中各种营养元素比较完全，而且这些物质完全是无毒、无害、无污染的自然物质，这就为生产高产、优质、无污染的绿色食品提供了必须条件。

畜禽粪便中带有动物消化道分泌的各种活性酶，以及微生物产生的各种酶。施用有机肥大大提高了土壤的酶活性，有利于提高土壤的吸收性能、缓冲性能和抗逆性能。施用有机肥料增加了土壤中的有机胶体，把土壤颗粒胶结起来，变成稳定的团粒结构，改善了土壤的物理、化学和生物特性，提高了土壤保水、保肥和透气性能。为植物生长创造良好的土壤环境。

有机肥在土壤中分解，转化形成各种腐殖酸物质。能促进植物体内的酶活性、物质的合成、运输和积累。腐殖酸是一种高分子物质，阳离子代换量高，具有很好的络合吸附性能，对重金属离子有很好的络合吸附作用，能有效地减轻重金属离子对作物的毒害，并阻止其进入植株中。这对生产无污染的安全、卫生的绿色食品十分有利。

但是使用有机肥料也有存在养分含量低、不易分解、不能及时满足作物高产的要求。传统的有机肥的积制和使用也很不方便。人畜禽粪便、垃圾等有机废物又是一类脏、烂、臭物质，其中含有许多病原微生物，或混入某些毒物，是重要的污染源，尤其值得注意的是，随着现代畜牧业的发展，饲料添加剂应用越来越广泛，饲料添加剂往往含有一定量的重金属，这些重金属随畜粪便排出，会严重污染环境，影响人的身体健康。

（二）有机肥料在中国肥料结构中的地位

中国农民积制和使用有机肥料有悠久的历史和丰富的经验。在中国农业生产的漫长历史中，一直靠有机肥料改良土壤，培肥地力，生产粮食，养育了我们中华民族的祖祖辈辈，可见有机肥料在当时农业生产中起着极为重要作用。新中国成立以后，中国化肥工业得到发展，化肥使用逐年增加。在 20 世纪 50～60 年代，有机肥在农业生产中仍占主导地位，肥料施用上仍以有机肥料为主，化肥为辅。1965 年，有机肥占肥料投入总量的 80.7%。70 年代，中国化肥发展很快，从 1971—1980 年的 10 年间，产量由 299.4 万吨（养分），增加到 1 232.1 万吨。有机肥料的比重下降，占肥料总投入量的 66.4%。1987 年化肥总产量达 1 612.2 万吨，平均亩施化肥达 27.8 千克。化肥在总肥料投入量的比重大大增加，特别是氮素养分比重超过有机肥，但有机肥在磷、钾养分供应上仍占主要地位。

有机肥料中的氮磷钾等养分只是有机肥中很小但很重要的一部分，有机肥料的绝大部分是有机物质。有机质是衡量土壤肥力的重要标志，即使将来，氮磷钾养分主要靠化肥来提供，但是有机肥料在改良土壤、培肥地力方面仍将发挥重大作用。

（三）有机肥在农业生产中的作用

有机肥料含有丰富的有机物和各种营养元素，具有数量大、来源广、养分全面的优点，但也存在脏、臭、不卫生，养分含量低、肥效慢、使用不方便等缺点。无机肥料正好与之相反，具有养分含量高、肥效快、使用方便等优点，但也存在养分单一的不足。因此，施用有机肥通常需与化肥配合，才能充分发挥其效益。有机肥料与化学肥料相配合施用，可以取长补短、缓急相济。有机肥料本来就有的改良土壤、培肥地力、提高产量和改善品质等作用，与化肥配合施用后，这些作用得到了进一步的提高。自从在农业生产中使用化肥以来，有机肥与化肥配合施用就已经客观存在，只是当时还处于盲目的配合，还不够完善。20 世纪 70 年代以来，中国化肥发展很快，经过许多科学工作者的研究和广大农民的实践，测土施肥、配方施肥等施肥方法相继在生产中推广应用，使有机、无机肥料配合施用更趋完善。

1. 改良土壤培肥地力的作用 有机肥料中的主要物质是有机质，施用有机肥料增加了土壤中的有机质含量。有机质可以改良土壤物理、化学和生物特性，熟化土壤，培肥地力。中国农村的"地靠粪养、苗靠粪长"的谚语，在一定程度上反映了施用有机肥料对于改良土壤的作用。施用有机肥料既增加了许多有机胶体，同时借助微生物的作用把许多有机物也分解转化成有机胶体，这就大大增加了土壤吸附表面，并且产生许多胶黏物质，使土壤颗粒胶结起来变成稳定的团粒结构，提高了土壤保水、保肥和透气的性能，以及调节土壤温度的能力。

2. 有机肥是生产绿色食品的主要肥源 生产无公害、安全优质的绿色食品首先在西欧、美国等生活水准较高的国家受到欢迎。尽管绿色食品价格比一般食品高 $50\% \sim 200\%$，但仍然走俏。近十年中国人民的生活水平迅速提高，对绿色食品的需求日益增长，加上政府部门的倡导和重视，中国绿色食品的生产发展很快。

在"有机农业和食品加工基本标准"（IFOAM）中，就有关于肥料使用方面的规定，其要点是"增进自然体系和生物循环利用，使足够数量的有机物返回土壤中，用于保持和增加土壤有机质、土壤肥力和土壤生物活性""无机肥料只被看作营养物质循环的补充物而不是替代物""化学合成的肥料和化学合成的生长调节剂的使用，必须限制在不对环境和作物质量产生不良后果，不使作物产品有毒物质残留积累到影响人体健康的限度内"。这些规定表明，在绿色食品生产中必须十分注意保护良好的生态环境，必须限制无机肥料的过量使用，有机肥料（包括绿肥和微生物肥料）才是生产绿色食品的主要肥源。

三、有机肥行业标准

有机肥料的新行业实施标准为 NY525—2012，代替原有的 NY525—2011，于 2012 年 3 月 1 日发布，2012 年 6 月 1 日实施，中华人民共和国农业部发布。

1. 有机肥料技术指标

有机质质量分数（以烘干基计）45

总养分（氮＋五氧化二磷＋氧化钾）的质量分数（以烘干基计）$\geqslant 5.0$

水分（鲜样）的质量分数$\leqslant 30$

酸碱度（pH）$5.5 \sim 8.5$

2. 有机肥料金属指标　单位：毫克/千克

总砷（As）（以烘干基计）$\leqslant 15$

总汞（Hg）（以烘干基计）$\leqslant 2$

总铅（Pb）（以烘干基计）$\leqslant 50$

总铬（Cr）（以烘干基计）$\leqslant 150$

总镉（Cd）（以烘干基计）$\leqslant 3$

3. 有机肥料细菌指标　蛔虫卵死亡率和粪大肠菌群数指标应符合 NY884 的要求。

四、无机肥的种类与养分含量

无机肥为矿质肥料，也叫化学肥料，简称化肥。它具有成分单纯、含有效成分高、易溶于水、分解快、易被根系吸收等特点，故称"速效性肥料"。通常的化肥即是"无机肥料"。无机肥是指用化学合成方法生产的肥料，包括氮、磷、钾、复合肥有机肥，是有机物制作的肥料。

1. 无机肥的种类与养分含量

（1）碳酸氢铵　又叫重碳酸铵，含氮 17％左右，在高温或潮湿的情况下，极易分解产生氨气挥发。呈弱酸性反应，为速效肥料。

（2）尿素 含氮46%，是固体氮肥中含氮最多的种。肥效比硫酸铵慢些，但肥效较长。尿素呈中性反应，适合于各种土壤。一般用作根外追肥时，其浓度以0.1%～0.3%为宜。

（3）硫酸铵 含氮素20%～21%，每千克硫酸铵的肥效相当于60～100千克人粪尿，易溶于水，肥效快，有效期短，一般10～20天。呈弱酸性反应，多用作追肥。

（4）钙镁磷肥 含磷14%～18%，微碱性，肥效较慢，后效长。若与作物秸秆、垃圾、厩肥等制作堆肥，在发酵腐熟过程中能产生有机酸而增加肥效，宜作基肥用。适于酸性或微酸性土壤，并能补充土壤中的钙和镁微量元素的不足。

（5）硫酸钾 含钾48%～52%。主要用作基肥，也可作追肥用，宜挖沟深施，靠近发根层收效快。用作根外追肥时，使用浓度应不超过0.1%。呈中性反应，不易吸湿结块，一般土壤均可施用。葡萄是喜钾肥的果树，施用硫酸钾效果很好。

（6）草木灰 是植物体燃烧后的残渣，草木灰含钾素5%～10%，含磷1%～4%，含氮0.14%，含钙也多达30%左右。草木灰中的钾，绝大多数是水溶性的，属速效肥。可作追肥也可作基肥。草木灰不宜与硫酸铵、人粪尿等混用，避免损失氮素。贮存时要防止潮湿，以免养分流失。

（7）石灰 呈碱性，是我国南方酸性土壤中常用的肥料，施后不仅增加土壤中的钙肥，改善土壤结构，还能中和土壤酸性。沤制堆肥时，拌入少量石灰，可加速腐熟。

2. 无机肥与有机肥的区别

（1）成分不同 含碳的化合物，除了二氧化碳、碳酸、碳酸盐等简单化合物，主要含C、H、O的化合物，就叫有机物。

不含碳的化合物，包括上述简单化合物，称为无机物。

有机肥就指主要含前一类物质的肥。而无机肥就是指含第二类化合物的化肥。

（2）来源不同　有机肥是用生物的排泄物或者遗体来充当肥料，有机肥中的有机物被微生物分解后，剩下的无机盐进入土壤被植物吸收，由于有机肥与环境有很好的相容性，不会对环境造成污染；无机肥就是化肥，是将高纯度的无机盐埋入土壤，这些盐溶解进入土壤后被植物吸收，由于无机盐的浓度较大，很容易造成土壤酸碱平衡被破坏，危害环境。

两种肥料都是为了给植物提供较多的无机盐，本质没什么区别，只是来源不同而已。

五、物候期与需肥特点

（一）需肥特点

核桃的需肥特点是氮、磷、钾等常量元素消耗较多，其中以氮素最多。氮素供应不足，常是核桃生长结果不良的主要原因。氮和钾是核桃的主要组成元素，而氮多于钾，增施氮肥能显著提高产量和品质，在缺磷的土壤中也必须补充磷和钙，同时还要增施有机肥。

核桃树喜深厚肥沃的土壤，在有机质含量高的沙壤土下生长良好。但由于立地条件的不同，常常是贫瘠土壤，有的还是黏土或沙土。因此，大量施有机肥，结合施化肥，能改善土壤养分状况，同时可以改良土壤，提高土壤养分的供给能力，所以说施肥是核桃优质、高产的根本措施。

（二）施肥种类和时期

核桃树施肥一般分基肥和追肥两种。基肥一般为经过腐熟的有机肥料，如厩肥、堆肥等。基肥可在春秋两季，最好在采收后到落叶前施入。追肥以速效无机肥为主，一般每年进行 2～3 次，初次在开花前或展叶初期；第二次在幼果发育期；第三次在坚果硬核期施入（基肥施得多，第一次追肥可不施），追肥量占全年总量的 20%～50%。

（三）施肥量

根据立地条件、树势及土壤养分状况合理确定。幼树施肥应采取薄施勤施的原则，定植当年树，发芽后 5 月下旬叶片展叶后开始追肥，每月 1 次，到 9 月底施一次基肥，第二至第四年，每年于 6 月、8 月、10 月共施 3 次肥即可；成年树（指嫁接苗定植第四至第五年后）每年施基肥 1 次，追肥 2 次即可。基肥于秋季采果后结合土壤深耕压绿时施用（9～10 月），亩施有机肥（畜禽粪水）5 000 千克，磷肥 50 千克，草木灰 100 千克，尿素 15 千克。追肥共施 2 次，第一次追肥于 5 月中旬施用，亩施腐熟猪（鸡）粪水 1 500 千克，尿素 20 千克；第二次追肥于硬核期（6 月中旬至 7 月下旬）施用，以利于增加果重和促进花芽分化，可亩施腐熟猪（鸡）粪水 2 500 千克，尿素 30 千克，硫酸钾 20 千克，过磷酸钙 20 千克。丰产园施肥量可根据树体生长状况和产量进行调节。

（四）施肥方法

施肥可分为土壤施肥（图 3-1）和根外追肥。

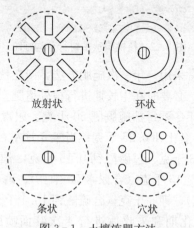

放射状　　　　　环状

条状　　　　　穴状

图 3-1　土壤施肥方法

1. 放射状　以树干为中心，距树干 1 米向外开挖 4～6 条放射沟，宽 40～50 厘米，深 30～40 厘米，长 1～2 米，基肥深施，追肥浅施。

2. 环状 沿树冠外缘开挖环状沟，宽深同放射状一致，施后埋土。

3. 穴状 多用于追肥，以树干为中心，在树冠半径 1/2 处挖若干个小穴施入。

4. 条状 此法适用园艺型栽培园地，在树冠外沿相对两侧开沟施入（图 3-2）。

以上 4 种方法施肥后均应及时灌水埋土，以增加肥效。

5. 根外追肥 根外追肥即叶面喷肥。应选上午 10 时前或下午 3 时后晴朗无风天气喷施。叶面喷肥浓度为 0.3％～0.5％，幼树浓度低些，少量多次。

图 3-2 核桃园秋季树行开沟施肥

目前国内外常采用一年一次施肥方法，即在秋季采收后，将所施肥料一次施入，必要时在生长期进行根外追肥。具体方法是：对初果期树，第一年冬季每株施厩肥 50 千克、尿素 0.5 千克、过磷酸钙 0.25 千克、氯化钾 0.25 千克；当年 6 月左右施一次尿素 1.5 千克、氯化钾 0.3 千克、过磷酸钙 0.15 千克，作为追肥。对盛果期树，每亩施入氮 15 千克（合尿素 33 千克）、磷 5 千克（合 14％ 过磷酸钙 36 千克）、钾 5 千克（合硫酸钾 10.4 千克）；花期、初梢速长期、花芽分化期和采收后进行 4 次叶面喷肥，前 2 次喷施 0.3％～0.5％尿素，后 2 次喷施磷酸二氢钾，促进花芽分化。

花期喷硼砂可提高坐果率，5～6 月喷硫酸亚铁可以使树体叶片肥厚，增加光合作用，7～8月喷硫酸钾可以有效地提高核仁的品质，对增产有良好效果。

六、施肥注意事项

（一）施肥时间

秋施基肥要在采果清园后立即进行。此时气温尚高，光合作用尚强，根系还在活动。施肥后有利根系伤口愈合和吸收，为来年春季萌发提供营养。对于丰产后的树体来讲有补充营养的作用，通过光合作用增加树体营养贮存，达到可持续丰产的目的。追肥时间应与物候期相吻合。

（二）施肥种类

秋施基肥应以有机肥为主（厩肥、土杂肥、饼肥、草木灰等）、化肥为辅，做到改土与供养结合、迟效与速效互补。施用的化肥要注意氮、磷、钾肥的比例，8月以后不宜施用过多的速效氮肥，否则易引发晚秋梢。同时，要有针对性地配施微量元素。肥料的施用量应根据果树大小、营养状况、挂果的多少而定。

（三）需要注意的事项

若是施入氮肥，要及早灌水，防止氮元素的挥发。若是在沙石较多、贫瘠的地方则施肥要深一些，诱导根系向下生长，提高植株的抗旱能力。若是施入农家肥，要发酵腐熟后施入，避免高温发酵烧伤植株根系。

七、施肥与产量的关系

影响核桃树产量的因素很多，除立地条件、树龄、品种、密度、修剪和灌水外，施肥是重要的因素之一。

（一）施肥时间与产量的关系

基肥要及时施，即采收、修剪、清理果园后就施，早施早吸收，早恢复树体，使来年的产量和品质不受影响。否则，施肥过晚，气温降低，光合作用减弱，不利根系愈伤和养分积累，也就影响了来年的产量和品质。追肥要与物候期相匹配，如花前花后、果实膨大和硬核期，正值需肥旺盛期，要及时施肥，而且应提早3~5天，并及时浇水，因为肥效产生需要一定的时间。错过时间达不到理想的施肥效果。

（二）施肥量与产量的关系

俗话讲，肥料是庄稼的粮食，缺乏肥料不仅影响核桃的产量和品质，也影响核桃树本身的生长以及来年的树势和产量；施肥过多也会产生不利影响，如伤根、旺长，幼树还不利越冬，尤其是施氮肥过多，形成秋季贪长，来年春季常常发生抽条。

（三）肥种与产量的关系

肥种单一或者配比不合理，造成肥料和用工浪费，不能产生应有的施肥效果。复合肥虽然有一定的比例，但产地不同，作物不同，利用率仍然不够高。因此，现在提倡配方施肥。核桃树的生长与结果对肥料的吸收是有选择性的。不同年龄时期、不同生长季节对养分的吸收消长是有不同的。生产100千克玉米与生产100千克的核桃需要的氮磷钾等营养成分的数量是不同的。只有根据生产条件（土壤）、作物种类需要、生产季节急需等，对土壤养分、叶片养分进行分析，再根据当年确定的产量进行配方施肥，才能达到理想的产量和品质。

八、关于测土配方施肥

以土壤测试和肥料田间试验为基础，根据作物需肥规律、土壤供肥性能和肥料效应，在合理施用有机肥料的基础上，提出氮、磷、钾及中、微量元素等肥料的施用数量、施肥时期和施用方法。通俗地讲，就是在农业科技人员指导下科学施用配方肥。测土配方施肥技术的核心是调节和解决作物需肥与土壤供肥之间的矛盾。同时有针对性地补充作物所需的营养元素，作物缺什么元素就补充什么元素，需要多少补多少，实现各种养分平衡供应，满足作物的需要；达到提高肥料利用率和减少用量，提高作物产量，改善农产品品质，节省劳力，节支增收的目的。

具体实施步骤，测土配方施肥技术包括"测土、配方、配肥、供应、施肥指导"五个核心环节、九项重点内容。

1. 田间试验　田间试验是获得各种作物最佳施肥量、施肥时期、施肥方法的根本途径，也是筛选、验证土壤养分测试技术、建立施肥指标体系的基本环节。通过田间试验，掌握各个施肥单元不同作物优化施肥量，基、追肥分配比例，施肥时期和施肥方法；摸清土壤养分校正系数、土壤供肥量、农作物需肥参数和肥料利用率等基本参数；构建作物施肥模型，为施肥分区和肥料配方提供依据。

2. 土壤测试　土壤测试是制定肥料配方的重要依据之一，随着我国种植业结构的不断调整，高产作物品种不断涌现，施肥结构和数量发生了很大的变化，土壤养分库也发生了明显改变。通过开展土壤氮、磷、钾及中、微量元素养分测试，了解土壤供肥能力状况。

3. 配方设计　肥料配方设计是测土配方施肥工作的核心。通过总结田间试验、土壤养分数据等，划分不同区域施肥分区；同时，根据气候、地貌、土壤、耕作制度等相似性和差异性，结合专家经验，提出不同作物的施肥配方。

4. 校正试验　为保证肥料配方的准确性，最大限度地减少配方肥料批量生产和大面积应用的风险，在每个施肥分区单元设置配方施肥、农户习惯施肥、空白施肥3个处理，以当地主要作物及其主栽品种为研究对象，对比配方施肥的增产效果，校验施肥参数，验证并完善肥料配方，改进测土配方施肥技术参数。

5. 配方加工　配方落实到农户田间是提高和普及测土配方施肥技术的最关键环节。目前不同地区有不同的模式，其中最主要的也是最具有市场前景的运作模式就是市场化运作、工厂化加工、网络化经营。这种模式适应我国农村农民科技素质低、土地经营规模小、技物分离的现状。

6. 示范推广 为促进测土配方施肥技术能够落实到田间，既要解决测土配方施肥技术市场化运作的难题，又要让广大农民亲眼看到实际效果，这是限制测土配方施肥技术推广的"瓶颈"。建立测土配方施肥示范区，为农民创建窗口，树立样板，全面展示测土配方施肥技术效果，是推广前要做的工作。推广"一袋子肥"模式，将测土配方施肥技术物化成产品，也有利于打破技术推广"最后一公里"的"坚冰"。

7. 宣传培训 测土配方施肥技术宣传培训是提高农民科学施肥意识，普及技术的重要手段。农民是测土配方施肥技术的最终使用者，迫切需要向农民传授科学施肥方法和模式；同时还要加强对各级技术人员、肥料生产企业、肥料经销商的系统培训，逐步建立技术人员和肥料商持证上岗制度。

8. 效果评价 农民是测土配方施肥技术的最终执行者和落实者，也是最终受益者。检验测土配方施肥的实际效果，及时获得农民的反馈信息，不断完善管理体系、技术体系和服务体系。同时，为科学地评价测土配方施肥的实际效果，必须对一定的区域进行动态调查。

9. 技术创新 技术创新是保证测土配方施肥工作长效性的科技支撑。重点开展田间试验方法、土壤养分测试技术、肥料配制方法、数据处理方法等方面的创新研究工作，不断提升测土配方施肥技术水平。

第四章

核桃园的水分管理

核桃树喜欢湿润，耐涝，抗寒力弱，灌水是增产的一项有效措施。在生长期间若土壤干旱缺水，则坐果率低。果皮厚，种仁发育不饱满；施肥后如不灌水，也不能充分发挥肥效。因此，遇到干旱时应及时浇水。

核桃园的灌溉次数和灌溉量依干旱程度而定，一般年份降水量为600~800毫米，且分布均匀的地区，基本上可以满足核桃树生长发育的需要，可不灌水。北方地区年降水量多在500毫米左右，且分布不均匀，常出现春夏干旱，需要灌水补充降水的不足。一般在核桃树开花、果实迅速膨大、采收后及封冻前等各个时期，都应适时灌水。灌溉后及时松土，以减少土壤水分的损失。

核桃树对干旱比较敏感，缺乏水源的地区可覆盖保墒。雨季则需要排除田间积水。在春梢停长后到秋梢停长前要注意控水，以控制新梢后期的生长。冬春经常发生抽梢的地区，初冬应灌封冻水1次。

一、核桃树的需水特点

（一）物候期不同需水量不同

核桃的物候期分为：萌芽期、开花期、果实膨大期、硬核期、采收期、落叶期、休眠期7个时期。物候期不同需水量不同。如：

前 4 个时期需水量大，正是核桃树开始生长阶段，萌芽后开始需水，到开花后消耗了大量水分，而且在果实生长期间需水量越来越多，采收前达到最大需水期。后 3 个阶段需水量就相对少。如果秋冬季有降雨，越冬水都可以省略。

（二）生命周期不同需水量不同

核桃树一生可分为幼树期、结果初期、盛果期及衰老期 4 个时期，不同时期需水量不同。幼树期间，树体较小，需水特点为少量多次；结果初期树，需水量加大，既要满足生长的需要，又要满足结果的需要，随着树龄的增加，需水量在不断增加；盛果期树是树冠达到最大、产量达到最大的时期，这个阶段的需水量最大；衰老期与水分供给有极大的关系。若盛果期不缺水，可推迟衰老期的到来，同时也就延长了经济寿命。随着树体的向心生长，需水程度在不断减少。

二、灌水时期与灌水方法的确定

（一）灌水时期

核桃园灌水时期是根据土壤含水量和核桃树需水特点决定的。

1. 萌芽水 3～4 月，核桃树开始萌动、发芽、抽枝、展叶、开花，几乎在一个月的时间里要完成，此时，在春旱少雨时节，应结合施肥浇水。

2. 花后水 5～6 月，雌花受精后，果实迅速进入速长期，如干旱应及时浇水。

3. 果实迅速膨大期 7～8 月果实迅速膨大，并进行花芽分化，这段时期需要大量的养分和水分供应，应灌 1 次透水，以确保核仁饱满。

4. 封冻水 10 月末至 11 月初（落叶前），可结合秋施基肥灌一次水，这次灌水有利于土壤保墒，且能促进肥料分解，增加冬前树体养分贮备，提高幼树越冬能力，也有利于来年萌芽和开花。

（二）灌水方法

1. 漫灌　在水源充足，靠近河流、水库、机井的果园边或几行树间修畦埂，通过明沟把水引入果园。

2. 畦灌　以单株或一行为单位畦，通过多级水沟把水引入树盘内浇灌。这样用水量较少，也比较好管理，在山区梯田、坡地普遍采用。

3. 穴灌　根据树冠大小，在树冠投影范围内开外高内低，将水注入树盘内，水渗透后埋土保墒，这样保墒效果更好。近几年有些地方在树下埋草把，灌水后盖住，下次打开再灌；也有埋直径40厘米粗的塑料管两头开口，靠近底部周边打3～4个小孔（图4-1，图4-2），缓渗。根据需要可灌营养配方液，上部可盖一块塑料布，下次打开再灌。在缺水的地方，后两种方法很适用。

图4-1　塑料穴灌器（桶）

图4-2　底部周边有渗水孔

4. 滴灌　是一种节水灌溉法，可以结合施肥进行肥水一体化管理。滴灌需要修建一个蓄水池，根据灌溉面积设计蓄水池的大小。蓄水池应建在高处，靠自然压力进行灌溉。国外现代化核桃园大部分为滴灌法和微喷灌，既节水又及时，可以随时供给树体生长发育对水分的需要（图4-3至图4-6）。

图4-3　山西临汾旱井集水

图4-4　澳大利亚核桃园滴灌法

图4-5　孝义碧山核桃公司滴灌

图4-6　滴头每小时6升水

三、防涝排水

排水系统应根据核桃园的立地条件和水源情况而定。北方丘陵山区主要是保水，防止水土流失。而在平地核桃园，降水量较多的南部地区，特别是黄淮海地区一定要考虑排灌系统。

果园排水系统由小区内的排水沟、排水支沟和排水干沟三部分组成。排水沟挖在果园行间，排水沟的大小，要根据地下水位的高低，雨季降水量的多少而定。排水干沟挖在果园边缘，与排水支沟自然河沟连通，把水排出果园。

四、灌溉量与产量的关系

灌溉与产量的关系如同施肥与产量的关系一样十分重要。核桃园有无灌溉条件，或能否及时灌溉对核桃产量和品质有重要影响。

（一）灌溉量与当地的降水量有一定关系

我国降水量南部比北部大，东部比西部大。降水量在500～800毫米的地区，如果分布均匀，基本可以满足核桃树生长发育所需的水分。但是我国北方往往是春夏干旱，雨季集中在7～9月，而这个时候对于核桃树来讲应该是需水量逐渐减少才对，特别是8月下旬至9月无雨才好。因为正值采收季节，光照好，有利于核桃脱皮清洗和晾晒。如果春季干旱，应该适当灌水；降水量在500毫米以下的地区，春夏季节干旱，核桃的生长发育受到一定影响，因此，必须进行灌溉。节水灌溉是这个地区的首选。我国新疆核桃产区，降水量在100毫米以下，但光照好，加之有昆仑山和天山的雪水灌溉，核桃的产量较高，品质很好，树体也健壮。我国南部降水量大于800毫米以上的地区，光照时间短，光合效率差，秋季往往发生病害。这个地区应该选择适当地带种植核桃树，基本可以不灌溉，同时还要注意排涝。

（二）灌溉量与产量的关系

水是生命的源泉。土壤养分的吸收、运转，叶片光合作用的进行及其产物的合成和利用，核桃树生命活动的全过程均离不开水分的参与。水分对于核桃产量的形成非常重要。张娜等在新疆做过"滴灌灌溉制度对核桃产量和品质的影响研究"，认为土壤水分下限时，果实膨大期灌溉对核桃产量的影响最大，硬核期次之，花期最差。

确定灌溉量是一件非常复杂的事情，土壤中的水分可以用两种方式描述：含水量和水势。含水量是指单位体积土壤中水分的体积或单位重量土壤中水分的重量。土壤水势是在等温条件下从土壤中提取单位水分所需要的能量，单位是帕、千帕，土壤水分饱和，水势为零；含水量低于饱和状态，水势为负值，土壤越干旱，负值越大。一般植物的生存范围是 0 到－1 500 千帕。含水量、水势，这两个指标分别相当于电学中的电子密度和电势。和水势不同，含水量不能反映土壤水分对植物的有效性。譬如 15％的含水量，在沙土中已经相当湿润，几乎所有植物都可以生长。如果黏土含水15％，几乎所有植物都无法生存。相反，如果用水势作为测量单位，测量结果则与土壤性质无关，不管土壤性质，不管地理位置，－1 000 千帕的土壤都很干旱，－50 千帕的土壤都很湿润。可以看出，单凭含水量，你无法判断土壤的干旱程度。某植物在土壤 A 中生长的最佳含水量为 20％，换一种土壤 B，情况就不见得如此。因此，仅用含水量进行植物和环境的关系的研究，其结果一般无法推广。

目前我国测量含水量和水势的仪器设备较多，科学灌溉需要借助必要的仪器来获得真实的土壤水分数据。含水量这个指标可以在固定的地点，或在固定的土壤里，依靠经验掌握核桃生长最佳的含水量，从而提供灌溉参考。经常检测 20 厘米深的土壤湿度可以随时掌握灌溉时间。灌溉量要根据核桃树的大小、结果的多少、灌溉时间具体掌握。长期保持适宜核桃树生长的土壤湿度，核桃会获得较高的产量和品质。土壤含水率是土壤的水分状况的重要指标，对作物生长至关重要。如果土壤含水率过低，不利于农作物生长，作物就会因缺水而枯死，造成颗粒无收。相反，如果土壤含水量过高甚至处于淹水状态，也不利于核桃生长，可能会造成根系沤死、腐烂，也会造成减产或没有收成。土壤处于最佳含水量下，既能节约用水、节约资源和能源，又能保证最大产量。

王仲春等以苹果为试材，测定了不同土壤种类在水分当量（土壤中的水分含量下降到不能移动时的含水量）附近时的灌水量。生产中可根据对土壤含水量的测定结果，或手测、目测的验墒经验，判断是否需要灌水。其灌水量可参考表 4－1。

表 4－1　不同土壤种类在水分当量附近的灌水量

土类	最低含水量		理想含水量*	
	吨/亩	相当于降水（毫米）	吨/亩	相当于降水（毫米）
细沙土	18.8	29	81.6	126
沙壤土	24.8	39	81.6	125
壤土	22.1	34	83.6	129
黏壤土	19.4	30	84.2	130
黏土	18.1	28	88.8	137

* 20 厘米土层中含水量达到田间最大持水量的 60％时的灌水量。

　　每次灌水以湿润主要根系分布层的土壤为宜，不宜过大或过小，既不造成渗漏浪费，又能使主要根系分布范围内有适宜的含水量和必要的空气。具体计算一次的灌水用量时，要根据气候、土壤类型、树种、树龄及灌溉方式确定。核桃树的根系较深，需湿润较深的土层，在同样立地条件下用水量要大。成龄结果核桃树需水多，灌水量宜大；幼树和旺树可少灌或不灌。沙地漏水，灌溉宜少量多次；黏土保水力强，可一次适当多灌，加强保墒而减少灌溉次数。盐碱地灌水，注意不要接上地下水。

　　灌水量（吨）＝灌溉面积（米²）×土壤浸湿深度

　　例如：核桃园为沙壤土，田间持水量为 36.7％，容重为 1.62 吨/米³，灌溉前根系分布层的土壤湿度为 15％，欲浸湿 60 厘米土层，那么每 667 米² 果园灌水量应该为 140.6 吨，即灌水量＝667 米²×0.6 米×1.62 吨/米³×（0.367－0.15）＝140.7 吨。

　　既然灌水对于核桃园的产量有重要影响，那么，栽植于坡地和山地梯田的核桃树，由于生长环境条件差，若水土保持措施跟不上，极易水土流失而影响核桃树的正常生长和结果，因此，核桃园建于坡地必须修建水土保持工程，如"围山转"、梯田、坝堰等，对于栽植时未修建水土保持工程的山地核桃园，应及时补修或采取简易水土保持措施，如打坝墙、修鱼鳞坑等，以起到蓄水保土作用。为了加固水土保持工程，提高其抗灾能力，若与生物工程措施配套效果更好，即在"围山转"梯田外沿、山坡顶部都种植紫穗槐等灌木树种，既可增加绿肥肥源，又可增强水土保持工程抗雨水冲刷能力。俗语称"核桃不怕埋得深，就怕外面露着根""树下拉沟，核桃不收"，可见核桃园土水保持的重要性。

若有条件，核桃园一定要安装滴灌系统，滴灌可以节省 60%的水，经济又节省能源。

五、灌溉注意事项

核桃生长发育需要大量的水分，尤其是果实发育期要有充足的水分供应。幼苗期水分不足时，生长几乎停止。结果期在过旱的条件下，树势生长弱，叶片小，果实小，甚至引起大量落花落果或叶片凋萎，从而减少营养物质的制造和积累。这种情况称为"生理干旱"，必须及时浇水纠正。核桃在排水不良、土壤长期积水的情况下，特别是受到污染时，就会产生缺氧，造成根系腐烂，甚至整株根系窒息死亡。秋季雨水频繁，常引起外果皮早裂，核壳内种皮变棕褐色、发霉，影响核桃品质。

第五章

核桃园的花果管理

一、核桃树开花特点

核桃树一般为雌雄同株异花（图5-1，图5-2）。但从新疆早实品种来看也有雌雄同花现象，但雄花多不具花药，不能散粉；也有的雌雄同序，但雌花多随雄花脱落。上述两种特殊情况没有生产意义，虽然常常能看到二次花产生的穗状果，但果实小，没有商品价值。核桃为雌雄同株异花，从开花的时间来看，有雄先型的，有雌先型的，也有同期型的。核桃雌雄花成熟不一致，称为"雌雄异熟"性。雄花先开的品种为雄先型品种，雌花先开的品种为雌先型品种，雌雄花同时开放的品种为雌雄同期型品种。研究认为，雌雄花同时成熟的品种坐果率和产量最高。花期不遇对授粉受精不利，

图5-1　核桃雄花开放

图5-2　核桃雌花开放

因此，栽培当中要配备适当的授粉树。目的就是在主栽品种雌花盛开的时候，授粉品种的雄花也盛开。这样，有良好的雌雄花相遇才可能授粉受精，提高坐果率，取得丰产稳产的效果。

二、授粉受精与疏花疏果

（一）人工辅助授粉

核桃属异花授粉果树，风媒传粉。自然授粉受自然条件的限制，每年坐果情况差别很大。幼树最初几年只开雌花，3～4年以后才出现雄花。少数进入结果盛期的无性系核桃园，也多缺乏配置授粉树。有些实生园中的核桃树都是雌先型或雄先型的植株，雌雄花的开放期可相差10～25天。

此外，由于受不良气象因素，如低温、降雨、大风、霜冻等的影响，雄花散粉也会受到阻碍。实践证明，即使在正常气候情况下，实行人工辅助授粉也能提高坐果率。根据河北省涞水、武安、鹿泉、平山、灵寿等地试验，在雌花盛期进行人工授粉，可提高坐果率17.3%～19.1%，进行两次人工授粉，其坐果率可提高26%。

1. 花粉的采集及稀释　从当地健壮树上采集基部小花开始散粉的粗壮雄花序，放在室内或无太阳直射的院内摊开晾干，保持16～20℃，室内可放在热炕上保持20～25℃，待大部雄花开始散粉时，筛出花粉，装瓶，置于2～5℃低温条件下备用。据河北农业大学试验，465千克雄花序，阴干后可出花粉5.3千克，折合每千克雄花序可出粉2.87克。按抖授花粉的方法计算，平均每株授粉2.8克，喷授花粉每株需要3克，可作为计划采集雄花序和花粉用量的参考。瓶装贮存花粉必须注意通气，否则，过于密闭会发霉，降低授粉效果。为了便于授粉，可将原粉稀释，以1份花粉加10份淀粉（粉面）混合拌匀。

2. 授粉适期　根据雌花开放特点，授粉最佳时期是柱头呈倒"八"字张开，分泌黏液最多时，一般只有2～3天，如果柱头干缩变色分泌物很少时，授粉效果显著降低。因此，必须掌握准确时机。有时因天气状况不良，同一株树上雌花期早晚相差 7～16 天。为提高坐果率，有条件的地方，应进行两次授粉。

3. 授粉方法 可用双层纱布袋，内装 1：10 稀释花粉，进行人工抖授。也可配成花粉水悬液 1：5 000 进行喷授，两者效果差别不大。

（二）疏花

1. 疏雄花

（1）疏雄效果 山西省林业科学研究所 1983 年经大面积试验后，认为人工疏雄可使核桃增产 30％～45％。河北省经试验后认为可提高坐果率 9.8％～27.1％，枝条增长 12.4％，增粗 7.6％，叶片增重 22.1％，说明疏雄效果很好。

（2）疏雄增产原因 人工疏雄减少了树体水分养分消耗，节省的水分和营养用于雌花的发育，从而改善了雌花发育过程中的营养条件，而使坐果率提高，产量增加。据从 27 株结果大树的调查结果看，每株树平均有雄花芽 3 150 个，最多株为 12 741 个。山西省林业科学研究所调查 18 年生树，平均每株有雄花 2 000 个。经切枝水培称重测定，每一雄花芽从萌动到成熟，平均每天蒸腾水分 1.58 克，按雄花期 15 天计，一个雄花芽将耗水 27.2 克，一株按 2 000 雄花芽计，15 天将耗水 54.4 千克。经中国林业科学院分析中心测定，一个雄花芽干重为 0.036 克，达到成熟花序时干重增加到 0.66 克，增重 0.624 克，其中含 N 4.3％，P_2O_5、K_2O 3.2％，蛋白质和氨基酸 11.1％，粗脂肪 4.3％，全糖 31.4％，灰分 11.3％。如果一株核桃树疏去 90％的雄花芽，可节省水分 50 千克左右，节约干物质 1.1～1.2 千克。从某种意义上说，疏雄是一项逆向灌水和施肥的措施。

（3）疏雄时间、方法和数量 当核桃雄花芽膨大时去雄效果最佳，太早不好疏除，太迟影响效果。一般在 3 月下旬至 4 月上旬（春分至谷雨）。疏雄的方法主要是用手指抹去或用木钩去掉。疏雄量一般以疏除全树雄花芽的 70％～90％较为适宜。据有关资料报道，一个雄花芽有小花 100～130 朵，每朵小花有雄蕊 12～26 枚，花药 2 室，每室有花粉 900 粒，这样计算起来每个雄花序有花粉粒 180 万，虽然花粉发芽率只有 5%～8%，但留下的雄花仍能满足需要。对于品种园来讲，作为授粉品种核桃树的雄花适当少疏，主栽品种可多疏。

（4）疏雄技术的可行性 对于 30 年生以上的实生树，由于树冠高大，人工去雄只是在下垂枝上，效果不大，生产也难应用。对于新建良种园来说，由于结果早，树冠矮化，疏雄效果好，效益高，值得大力推广。目前，有人试图研究一种化学药剂来阻止雄花的形成和发育，但生产上尚未应用。

2. 疏雌花 随着早实丰产品种的推广，生产上出现了结果太多的情况，造成核桃果个变小，品质变差，严重时导致枝条大量干枯甚至死亡。为了维持核桃树营养生长和生殖生长的相对平衡，保证树体正常生长发育，提高坚果质量，稳定产量，延长结果寿命，疏除过多的雌花十分必要。

（1）疏雌花时期 由于核桃树有生理落花现象，疏雌花要在生理落花以后。一般在核桃长至 1～1.5 厘米时进行。

（2）疏雌花数量 应根据栽培条件和树势发育情况而定。表 5-1 可作参考。

表 5-1 树冠大小与留果量

冠幅（米）	投影面积（米²）	留果数	产量（千克）
2	3.14	180～240	1～2
3	7.06	430～600	4～5
4	12.56	800～1 000	8～10
5	19.6	1 200～1 600	12～16
6	28.2	1 700～2 200	17～20

（3）疏雌花方法 首先要疏除弱树和细弱枝上的雌花，内膛要多疏一些，外围延长枝上要多疏些，保证 30 厘米以上的生长量。

核桃疏雄已被果农所接受，疏雌花还是件新鲜事。近年来各地引进早实丰产良种因结果过多造成枝势衰弱，甚至死亡。对于丰产品种来讲，疏去一些雌花，是一项必不可少的措施。但是疏果不如疏花，疏花不如疏芽。果农应当根据自己的经验和具体情况科学掌握。如果连年丰收而肥水管理跟不上，核桃树会累死。因此，科学管理才能保证坚果品质和较长的经济寿命。

三、保花保果

现有核桃大树产量低而不稳的重要原因是落花落果严重。据山西农业大学在左权县调查，核桃的自然坐果率在 14.2%～49%。山西林业科学研究所 1991—1992 年蒲县调查，30 年生核桃大树的自然坐果率为 27.8%～55%。落花落果的主要原因是树体贮备营养水平低，受精不良，花、幼果生长激素水平低，提前产生离层而脱落。

山西农业大学和左权县林业局（1985—1988）进行了花期喷硼和激素试验。结果认为在盛花期喷一次 0.4% 的硼砂，35 毫克/千克的赤霉素（GA_3）能显著提高坐果率。山西林业科学研究所于 1991—1992 年在蒲县进行了多因子综合试验，认为盛花期喷赤霉素、硼酸、稀土均能提高坐果率，最佳浓度分别为 54 毫克/千克，125 毫克/千克、475 毫克/千克。三种因素对坐果率的影响程度大小次序是赤霉素＞稀土＞硼酸。三种因素同时选用最佳用量时坐果率为 61.93%，而对照是 39.74%，增产 55%。另外，花期喷 0.5% 尿素，0.3% 的磷酸二氢钾 2～3 次能改善树体养分状况，促进坐果。

以上保花保果措施只有在加强土肥水管理的基础上才能充分发挥作用，因此它只是一个辅助性措施，不能寄予太多的希望。

四、疏花疏果、保花保果与核桃品种

核桃树的花果管理与品种关系极大。目前我国通过省级以上部门鉴定与审定的品种有 100 多个，有早实类型品种，也有晚实类型品种，丰产性能各异。"疏"与"保"的目的都是为了丰产稳产。但是在技术手段的应用当中，应当对品种特性有深刻的了解。同时对国家标准也十分熟悉，即不同年龄时期的丰产指标是多少。我国各地的气候与立地条件千差万别，花果管理技术程度也应当相对调整。但核心的问题是树势和产量。在树势强壮时，尽量多结果。树势中庸时适当结果，以果实品质符合国标规定为准。树势衰弱时，要适当疏果，增强肥水管理。生长与结果平衡是生产的前提，也是丰产稳产的关键。如短枝型品种辽宁 1 号，雄花多，雌花也多，树势容易衰弱。栽培时应当坚持疏花疏果，疏除雄花可以节省养分水分，疏除过多的雌花和果实，可以保证果实品质和连续丰产。又如晋龙 1 号品种，晚实，前期结果少，应当人工辅助授粉，提高前期的产量，促使尽快进入结果盛期。

第六章

核桃采收管理与贮藏销售

　　核桃采收管理与经营效益密切相关。传统的栽培与采收管理方法落后，常常由于秋收农作物，而不顾核桃的及时脱皮与晾晒，造成烂果、黑果、黑仁，价格低下，效益甚微。20世纪以来，我国核桃产业的发展突飞猛进，在坚果的管理方面也技术先进，与以往相比，改进很大。

一、采收前的果园清理

　　核桃在果实成熟采收前应当清理果园。采收前树下往往有一些树枝、杂草、杂物和落果，不便于捡拾采收的果实。特别是一些落果，其中有些是病虫果，有些是烂果，若不清理，直接影响采收果实的品质。因此采收前一个月必须清理果园，如果有高大杂草还应该清除或旋耕。国外机械化采收还要用铁滚镇压，便于机械捡拾振落的果实。

图6-1　中林1号坚果外表

图6-2　中林1号对应核仁质量

图6-3 鲁光坚果外表

图6-4 鲁光坚果对应核仁质量

二、适时采收

理论上核桃采收期是坚果内隔膜刚变棕色时，为核仁成熟期，采收的核仁质量最好（图6-1至图6-4）。生产上核桃果实成熟的标志是青果皮由深绿变为淡黄，部分外皮裂口，个别果实脱落，此时为采收适期（图6-5，图6-6）。但是研究认为核桃仁的成熟早于青皮的开裂，因此不同的品种采收时间应当慎重确定。采收过早，不易脱皮，核仁欠饱；采收过晚，核仁变褐。有些壳薄的品种，特别是缝合线松的品种，很容易裂口，氧化变褐，甚至腐烂，直接影响了坚果的品质。因此，针对不同地点，不同品种，应当根据销售需要适时采收。

图6-5 核桃坚果成熟适期

图6-6 核桃成熟过度

三、采收时间与坚果品质

关于采收时间，说法不一。早期的书籍中，认为青皮开裂 1/2 或 1/3 为适宜的采收期。20 世纪五六十年代栽培的核桃大部分为晚实实生核桃，新品种是在 20 世纪 90 年代才开始栽培，所以核桃的壳较厚，采收忽早与忽晚没有多大的关系。但是，进入 21 世纪以来我国核桃良种推广很快，而且新品种的壳大部分较薄，有些品种是纸皮核桃，甚至还露仁，缝合线较松。因此，采收的时间必须严格定义。因为，采收时间的早与晚直接影响坚果的品质。笔者经过多年的栽培实践认为，采收的时间应当参考核壳的厚度来确定。同一品种年份不同、核壳的厚度不同，采收时间不同。一般情况下青皮变黄刚开裂即意味着果实成熟。纸皮核桃品种应当在青皮变黄、核壳未开裂前采收为适当采收期；薄壳核桃品种应当在青皮开裂 5% 左右采收为适当采收期；厚壳核桃品种应当在青皮开裂 10% 左右为适当采收期。

张宏潮等（1980）通过对不同采收期与核桃产量和品质的影响的研究认为：果实成熟前，随着采收时间推迟，出仁率和脂肪含量均呈递增变化。从 8 月中旬至 9 月中旬一个月内，出仁率平均每天增加 1.8%，脂肪增加 0.97%。他们根据研究结果指出：如果将北京地区的核桃提前 15 天（处暑）采收，其产量将损失 10.64%，核仁损失 23.27%，脂肪损失 32.58%。采收过早的核仁皱缩，呈黄褐色，味淡；适时采收的核仁饱满，呈黄白色，味香浓。采收过迟则使核桃大量落果，造成霉变及仁色变深。

表 6－1　不同采收期出仁率和脂肪含量变化

（河南省林业科学研究所，1980—1982）

采收日期（日/月） 项目	20/8	25/8	30/8	4/9	9/9	14/9	19/9
出仁率（%）	43.1	45.0	45.2	46.7	46.4	46.4	46.8
脂肪（%）	66.6	68.3	68.8	68.7	68.8	68.9	69.8

目前，我国核桃掠青早采现象相当普遍，有的地方8月初就采收核桃，从而成为影响核桃产量和降低坚果品质的重要原因之一，应该引起各地足够重视，根据销售目标（青果或干果）制定统一采收适期。

四、采收顺序与青果放置

（一）采收顺序

核桃成熟采收应当有个顺序。哪一个品种成熟早就先采收哪个品种，混杂栽植给核桃的采收带来很大不便。近年来带青皮销售鲜核桃很走俏，有些果农不管什么品种，只要有人买就采收。这样的管理不科学，无论是销售鲜核桃还是干果，都要按照品种成熟的先后来采收。再者，同一个品种的特性一致，售后效果好，回头率高。如果是一个品牌销售，更应该保证质量的一致性和连续性。

早实品种中，京861、香玲、薄丰、中林5号、温185、薄壳香成熟最早。在晋中地区8月底成熟；中林1号、鲁光、辽宁1号、扎343、西扶1号、晋龙1号、晋龙2号、礼品2号等次之，9月10号左右成熟；中林3号成熟最晚，9月20号左右成熟。不同年份可相差7～10天。各地应根据当地气候记载各品种的成熟时间，并制订按品种采收的计划表，养成科学采收的习惯。采收时间合理有序，是保证产品质量的关键一步。

（二）采收方法

采收核桃的方法分人工采收法和机械振动采收法两种。我国大部分种植区是人工采收法。在核桃成熟时，用有弹性的长木杆或竹竿，自上而下，由内向外顺枝敲击，较费力费工（图6-7）。现代矮化密植核桃园，树冠较矮，人工采摘好，尽管费工，但对于一些纸皮核桃来讲，损耗少，效果不错。根据品种情况制定采收方法很有必要。国外采用机械振动法采收核桃很普遍（图6-8），因为他们的栽培条件较好，地势平坦。其作法是采收前10天检查各品种的成熟时间，并试采。如果98％以上能够振落，即可采收。否则，需要再等几天。由于机械采收的成本较高，所以确定采收时间十分关键。如美国加利福尼亚州、澳大利亚新南威尔士州种植区，基本上是一次采收完毕。用这种方法采收速度快，效率高。我国北方核桃多为实生繁殖，果实成熟期相差很大，特别是核桃树的立地条件较差，不适于大型机械采收。在新疆、山东等立地条件较好的地方，或平川地带可以实行机械采收。也可研究一些中小型的采收机械。

图6-7　人工用木杆敲落采收　　图6-8　澳大利亚机械振动摇落采收

（三）采后青果放置

核桃青果采收后不能放在日光下暴晒。据美国乔治 C. 马丁等（1973）试验，采收后暴晒在阳光下的果实，其种仁温度较气温高10℃以上，当种仁温度超过40℃时，就会使种仁颜色变深而降低果品质量。因此，采收后的果实要置于通风阴凉处。

如果是销售青果，那么，采收时间应该提早一周，采后装入专门定做的塑料袋，如5千克袋，10千克袋，封口后摆放好。贮存青果需要建立冷藏房，根据贮存量设计大小。然后品种的销售也应该按照成熟的先后顺序放置。这样有利延迟货架期和销售时间。

销售干果或果仁的，一般情况下有两种：一是按照品种先后采收回来以后，将青果平摊在阴凉室内，厚度40～50厘米，边放边喷布乙烯利促进离层（量少可不喷），上面覆盖15厘米左右的青草或湿麻袋，5～7天后检查离皮情况，青皮开裂即可机械脱皮；二是分品种采收时用同等大小的尼龙袋装袋，运回阴凉通风的厅里，一排一排摆放整齐。不同品种放置在不同的地方，并予以标注，7～10天可以机械脱皮。

（四）脱青皮

核桃脱青皮方法有堆沤脱皮和药剂脱皮两种。堆沤脱皮是我国核桃脱皮的传统方法。其做法是核桃采收后随即运到阴凉处，或通风的室内，带青皮的果实避免在阳光下直晒，因为怕发热使核仁变色。果实堆积厚度50厘米，一般经7天左右，当青皮发泡或出现绽裂时，及时用木棍敲击脱皮。堆沤时间长短与成熟度有关，成熟度越高，堆沤时间越短；药剂催熟脱皮法，当核桃采收后用3 000～5 000毫克/千克的乙烯利溶液浸半分钟，或随堆积随喷洒，按50厘米左右厚度堆积，在温度为30℃左右，相对湿度80％～90％的条件下，经3天左右即可脱皮，此法不仅时间短，工效高，而且还能显著提高果品质量（露仁或缝合线松的品种不可用药脱皮）。在应用乙烯利脱皮过程中，为提高温湿度，果堆上可以加盖一些干草，但忌用塑料薄膜之类不透气的物质蒙盖，也不能装入密闭的容器中。

（五）清洗与漂白

为了提高核桃的外观品质，脱皮后要及时清洗坚果表面残留的烂皮、泥土及其他污物。洗涤方法通常是把刚脱皮的坚果装入筐内，将筐放入水池或流水中，搅拌5分钟左右。不出口的商品，捞出摊放于席箔上晾晒。以出口为目的的商品坚果，洗涤后还要漂白，漂白在陶瓷缸内进行。先将0.5千克漂白粉加温水3～4千克化开、滤渣，而后在陶瓷缸内加清水30～40千克，配成漂白液。将洗涤后的湿核桃放入漂白液中搅拌8～10分钟，当坚果壳面由青红色变为白色时，捞出用清水洗净漂白粉残留物后晾干。现代核桃无公害处理不提倡漂白，防止药品污染坚果。

发达国家实行机械采收、脱皮、清洗、烘干、包装一条龙程序，不漂白。我国目前大部分地区实行机械脱皮、清洗（图6-9），现在大部分地区不再漂白，因为漂白容易污染坚果，降低品质。特别是目前我国采用的纸皮核桃和薄壳核桃品种，有些品种的核壳缝合线还很松，有些是露仁，极易进水污染。所以我国核桃产区应该严格采后处理，分品种、分用途进行处理，严格执行国家核桃坚果质量等级标准。

图6-9 机械清洗法

作种子用的核桃，脱青皮后不必水洗，更无需漂白，直接晾干后贮藏。

（六）坚果干燥

贮藏的核桃必须达到一定的干燥程度，以免水分过多而霉烂。坚果干燥是将核桃壳和核仁的多余水分蒸发掉。坚果含水量随采收季节的推迟而减少。干燥后坚果（壳和核仁）含水量应低于8%，高于8%的，核仁易生长霉菌。生产上以内隔膜易于折断为粗略标准。美国的研究认为，核桃干燥时的气温不宜超过43.3℃，温度过高使仁内含的脂肪腐败，杀死种子，并破坏核仁种皮的天然化合物。因过热导致的油变质有的不会立即显示，而在贮藏后几周，甚至数月后才能发生。

我国核桃干燥方法有日晒和烘烤两种。刚冲洗干净的湿核桃不能立即置于烈日下暴晒，应摊放在定制的多层晾晒架上（图6-10，图6-11）（或在竹、高粱箔上）先晾半天，待大量水分蒸发后再摊晒。晾晒时，果实摊放厚度以不超过两层果实为宜（图6-12）。一般5～7天即可晾干。

图 6-10 架式分层自然晾干

图 6-11 多层架移动式自然晾晒

图 6-12 自然晾干法

云南、贵州等南方产区，由于采收季节多阴雨天气，日晒干燥受限制，自 20 世纪 60 年代以来，采用各种形式的烘烤房干燥办法。烘房有进排气孔，烘架上摊放果实厚度不超过 15 厘米，烘房温度要先低后高，果实烘烤后的大量水气排除之前，不要翻动烘架上的果实。但接近干燥时要勤于翻动，方能干燥均匀。当坚果相互碰撞时声音脆响，砸开果实其横隔膜极易折断，核仁酥脆，坚果含水量不超过 8%，就达到要求。

美国在 1920 年前，核桃均铺在木盘上晒干，这种干燥方法很费劳力，天气不晴朗时，需晒 20 天，遇雨或有雾时坚果易发霉。1930 年以后，有一半的坚果用热风干燥，干燥时间缩短至 24～48

小时。20世纪30年代后期，棕色的多层式干燥机较为流行。目前普遍采用固定箱式、吊箱式或拖车式，加热致43.3℃的热风以0.5米/秒左右的速度吹过核桃堆（图6-13，图6-14）。

图6-13　美国天然气箱式烘干法　　图6-14　美国大型电热烘干法

（七）核仁化学成分及采后生理

1. 化学成分　蛋白质占核仁干果重的15%～20%，主要8种氨基酸成分是：苯丙氨酸、异亮氨酸、缬氨酸、蛋氨酸、色氨酸、苏氨酸、赖氨酸和组氨酸。糖为果糖、葡萄糖和蔗糖。脂肪主要含有4种脂肪酸与糖醇、丙三醇结合成三酸甘油酯。核桃仁主要含不饱和脂肪酸，即在脂肪酸分子链上由二价碳原子相联结，约占整个脂肪酸的90%，其中油酸占13%，有1个双键；亚油酸占65%，有2个双键；亚麻酸占12%，有3个双键。故核桃油的质量好，但同时也增加了被氧化的概率。

核桃仁的微量可溶性化合物尚有维生素C、苹果酸和磷酸，以及各种氨基酸。其中有两种蛋白质内不常发现的γ-氨基丁酸和瓜氨酸，γ-氨基丁酸是传递神经冲动的化学介质。

2. 采后生理　干燥核仁含水量很低，所以呼吸作用很微弱。核桃脂肪含量高，占核仁的60%～70%，因而会发生腐败现象。在核桃贮藏期间，脂肪在脂肪酶的作用下水解成脂肪酸和甘油。甘油代谢形成糖或进入呼吸循环。脂肪酸因不同的组分可以进行以下几种反应，α-氧化、β-氧化、直接加氧（由脂肪氧化酶催化）和直接羟化，生成许多反应产物。低分子脂肪酸氧化生成醛或酮都有臭味，脂肪酸的双键先氧化为过氧化物，再分解成有臭味的醛或酮。油脂在日光下可加速此反应。坚果在21℃贮藏4个月就会发现腐败，而在1℃下经两年才开始显现。

降低核仁与氧之间的相互作用可减少腐败与臭味。将充分干燥的核仁贮于低氧环境中可以部分解决腐败问题。

核仁种皮的理化性质有保护作用，它含有一些类似抗氧化剂的化合物，这些化合物可首先与空气中的氧发生氧化从表面保护核仁内的脂肪酸不被氧化。种皮抗氧化保护核仁的能力是有限的，且有种皮内单宁的氧化过程中转为深色。因此，脱壳核仁在贮藏过程中转为深色是氧化作用的结果。种皮氧化后变深色使核仁的外观品质降低，但却对保护核仁风味不变有保护作用。

脱壳时，核仁因破碎而使种皮不能将核仁包严，故需在1.1～1.7℃下冷藏，贮藏两年后仍不腐败。这是因为冷柜内氧化有限，且腐败反应在低温及黑暗中降低的缘故。

（八）贮藏

核桃适宜的贮藏温度为1～2℃，相对湿度75％～80％。一般的贮藏温度也应低于8℃。坚果贮藏方法随贮藏数量与贮藏时间而异。数量不大，贮藏时间较长的，采用聚乙烯袋包装，在冰箱内1～2℃的条件下冷藏两年以上品质良好；若贮藏期不超过翌年夏季的，装入尼龙网袋中于室内挂藏；数量大，贮藏时间长的，用麻袋包装，在冷库中低温贮藏。近年来又用塑料薄膜帐抽气密封贮藏。在北方地区冬季由于气温低，空气干燥，在一般条件下不会发生明显的变质现象。因此，秋季入帐的核桃，不需要立即密封。从翌年2月下旬开始，气温逐渐回升时，开始用塑料膜帐进行密封保存。密封应选择温度低，空气干燥的地方。如果空气潮湿，核桃帐内必须加吸湿剂，并尽量降低贮藏室内的温度。山区采用土窑洞塑料薄膜帐抽气贮存效果好。

果帐内通入50％的 CO_2 或 N_2 对核桃贮藏有利，由于核桃在低氧环境中即可抑制呼吸，减少损耗，抑制霉菌的活动，还可防止油脂氧化而产生腐败。

核桃贮藏中会发生鼠害或虫害，一般熏蒸库房 3.5～10 小时有显著效果。

（九）坚果及核仁商品分级标准

1. 坚果分级标准与包装　在国际市场上，核桃商品的价格与坚果大小有关。坚果越大价格越高。根据外贸出口的要求，以坚果直径大小为主要指标，通过筛孔为三等。30 毫米以上为一等，28～30 毫米为二等，26～28 毫米为三等。美国现在推出大号和特大号商品核桃，我国也开始组织出口 32 毫米核桃商品。出口核桃坚果除以果实大小作为分级的主要指标外，还要求坚果壳面光滑、洁白、干燥（核仁水分不超过 4%），杂质、霉烂果、虫蛀果、破裂果总计不允许超过 10%。GB/T 20398—2006 规定了《我国核桃的坚果质量标准》（表 6 - 2）。

表 6 - 2　核桃坚果质量分级指标

项　目		特级	Ⅰ 级	Ⅱ 级	Ⅲ 级
基本要求		坚果充分成熟，壳面洁净，缝合线紧密，无露仁、虫蛀、出油、霉变、异味等果。无杂质，未经有害化学漂白处理			
感官指标	果形	大小均匀，形状一致	基本一致	基本一致	
	外壳	自然黄白色	自然黄白色	自然黄白色	自然黄白或黄褐色
	种仁	饱满，色黄白，涩味淡	饱满，色黄白，涩味淡	较饱满，色黄白，涩味淡	较饱满，色黄白或浅琥珀色，稍涩
物理指标	横径（毫米）	≥30.0	≥30.0	≥28.0	≥26.0
	平均果重（克）	≥12.0	≥12.0	≥10.0	≥8.0
	取仁难易度	易取整仁	易取整仁	易取半仁	易取 1/4 仁
	出仁率（%）	≥53.0	≥48.0	≥43.0	≥38.0

（续）

	项　目	特　级	Ⅰ　级	Ⅱ　级	Ⅲ　级
物理指标	空壳果率（%）	≤1.0	≤2.0	≤2.0	≤3.0
	破损果率（%）	≤0.1	≤0.1	≤0.2	≤0.3
	黑斑果率（%）	0	≤0.1	≤0.2	≤0.3
	含水率（%）	≤8.0	≤8.0	≤8.0	≤8.0
化学指标	粗脂肪含量（%）	≥65.0	≥65.0	≥60.0	≥60.0
	蛋白质含量（%）	≥14.0	≥14.0	≥12.0	≥10.0

现在核桃坚果一般都采用尼龙袋包装，出口商品坚果根据客商要求，每袋重量为 45 千克，包口用针缝严，并在袋左上角标注批号。

2. 取仁方法及核仁分级标准与包装

（1）取仁方法　我国核桃取仁仍沿用手工砸取方法。为了提高整仁率和出口商品等级，在手工砸仁时，须注意果实摆放位置，根据坚果三个方位强度的差异及核仁结构，选择缝合线与地面平等放置，敲击时用力要均匀，防止过猛和多次敲打，以免增多碎仁。为了减轻坚果砸开后种仁受污染，砸仁之前一定要搞好卫生，清理场地。不能直接在地上砸。坚果砸破后要装入干净的筐篓或堆放在铺有席子、塑料布的场地上。剥核仁时，就尽量做到戴上干净手套，仁就装入干净的容器中，然后再分级包装。

（2）核桃仁的分级标准与包装　核桃仁主要依其颜色和完整程度划分为八级。

白头路：1/2 仁，淡黄色。

白二路：1/4 仁，淡黄色。

白三路：1/8 仁，淡黄色。

浅头路：1/2 仁，浅琥珀色。

浅二路：1/4 仁，浅琥珀色。

浅三路：1/8 仁，浅琥珀色。

混四路：碎仁，种仁色浅且均匀。

深四路：碎仁，种仁深色。

在核桃仁收购、分级时，除注意核仁颜色和仁片大小之外，还要求核仁干燥，水分不超过 4%；核仁肥厚，饱满，无虫蛀，无霉烂变质，无杂味，无杂质。不同等级的核桃仁，出口价格不同，白头路最高，浅头路次之。但我国大量出口的商品主要为白二路、白三路、浅二路和浅三路 4 个等级。混四路和深三路均作内销或加工用。我国过去出口核桃多为实生核桃，由于夹核桃较多，取整仁较难，故出口核桃多为白二路、白三路、浅二路、浅三路较多。

（3）核桃仁出口包装　核桃仁出口要求按等级用纸箱或木箱包装。每箱核桃仁净重一般为 20～25 千克。包装时需采取防潮措施。一般是在箱底和四周衬垫硫酸纸等防潮材料，装箱之后立即封严、捆牢。在箱子的规定位置上印明重量、地址、货号。

（十）核桃销售

1. 鲜果销售　最近几年，鲜果销售较好。包装各种各样，有纸箱、纸盒、纸袋，也有塑料袋装的。质量也多种多样，有分品种销售的，也有混杂销售的。价格各地有别，低的 3.0～5.0 元/千克，高的 6～8 元/千克。采收期一般提前 7～10 天。鲜果销售较好，一是可及时得到收益。二是可提前施肥修剪，对树体恢复有好处。

从销售时间来讲，由于市场需求，商贩也在进行收储鲜核桃，租用冷库，可较长时间销售。一般保存好的可销售 2 个月。

2. 干果销售　干果销售市场主要在国内。现在品种纯、质量好的大公司或大户均有电商销售，一些店铺的干果销售，品种不纯，有些核桃空瘪，有些果实仁色较深。新疆的核桃清洗过，外观漂亮，个儿也大，价格在 30 元/千克左右，但纯品种不多，也有空瘪核桃。内地的核桃果个儿较小，处理的不够漂亮，价格在 22～30 元/千克。实生核桃 14～22 元/千克。而电商销售，价格在 30～80 元/千克。

3. 核桃仁销售 核桃仁销售主要是中间商。收购商集中起来后出口或送往加工厂，或送往超市。目前我国出口数量有所下降。原因是进口数量多，价格较低，出口利润少。

第七章

核桃园的病虫害管理

近几年来，我国核桃园的病虫害较多。北方核桃产区的降水量逐年加大，从 2012—2017 年连续 6 年降水量比以往增加 100 毫米以上（山西孝义）。随着我国核桃园面积的增加，核桃病虫害的防治显得越来越重要。面积的扩大远远快于经营者技术水平的提高，种植者如何提高管理水平，防患于未然，十分迫切。核桃产区的领导应当加强核桃产业发展的领导和培训工作，确实提高农民的管理水平，增加农民的经济收益。

在传统的核桃生产中，大多以实生类型、晚实品种为主，这些类型和品种适应性较强，栽培相对分散，虽然栽培管理粗放，病虫害发生却并不严重。近年来，早实核桃品种的推广、栽种面积迅速扩大，由于缺乏合理的规划，并且各地的栽培管理水平不尽相同，这为一些主要病虫的发生提供了有利的条件。如何采取综合措施，有效防治病虫，成为保证核桃优质、丰产、稳产的关键所在。

一、核桃主要虫害及其防治技术

（一）核桃举肢蛾

属鳞翅目举肢蛾科。俗称核桃黑或黑核桃。山西、陕西、河南、河北等省的核桃产区普遍发生。20 世纪 80 年代，在山西太行山区发生特别严重，果实被害率高达 90％以上，年直接经济损失达 500 万元。

1. 形态特征

（1）成虫　雌蛾体长 4～7 毫米，翅展 13～15 毫米，黑褐色，有金属光泽，触角丝状，密被白色绒毛。头胸部颜色较深，复眼朱红色。下唇须发达，向前突出，呈牛角状弯向内方。前翅狭长，翅基部 1/3 处有一半月形白斑，2/3 处有一椭圆形白斑。后翅披针形，前后翅均有较长的缘毛。后足较长，一般超过体长，胫节和跗节被黑色毛束。雄体较瘦小（图 7-1）。

图 7-1　举肢蛾成虫

（2）卵　长椭圆形，长 0.3～0.4 毫米。初产时乳白色，以后逐渐变为黄白色、黄色或浅红色。孵化前呈红褐色。

（3）幼虫　初孵化幼虫乳白色，头部黄褐色，体背中间有紫红色斑点，腹足趾钩为单序环状。

（4）蛹　纺锤形，黄褐色，长 4～7 毫米。

（5）茧　长椭圆形，褐色，上面附有草末和细土粒，长 7～10 毫米，在较宽的一端有一黄白色缝合线，即羽化孔。

2. 生活史及习性　该虫在山西、河北每年发生 1 代，在北京、陕西、四川每年发生 1～2 代，河南每年发生 2 代。均以老熟幼虫在树冠下 1～3 厘米深的土内或在杂草、石缝中结茧越冬。越冬幼虫每年 6 月上旬化蛹，6 月下旬为盛期，蛹期 7 天。6 月中旬成虫开始出现，6 月下旬至 8 月上旬大量出现。成虫羽代时间一般在下午，羽化后多在树冠下部叶背活动，能跳跃，后足上举，并常做划船状摇动，行走用前、中足，静止时后足向侧上方伸举，故名"举肢蛾"。飞翔、交尾、产卵均在傍晚，成虫交尾后开始产卵，卵多产于两果相接的缝内，其次是萼洼，产于果实表面的较少。卵散生，一般每果 1～2 粒，少数达 4～5 粒。每头雌蛾能产卵 35～40

粒，卵期5～8天。当果径2厘米左右时，幼虫孵化后在果面爬行0.5～2小时，咬破果皮钻入青皮层内为害，不转果为害。初蛀入时，孔外出现白色胶珠，透明，后变为琥珀色。隧道内充满虫粪。被害后青皮皱缩，逐渐变黑，造成早期落果30%～70%，严重时果实全部脱落（图7-2）。有的虽然

图7-2　举肢蛾幼虫为害状

未落，但种仁变黑，失去食用价值。幼虫在果内为害期为30～45天。6月中旬至8月下旬为幼虫为害期，7月上旬为盛期。7月下旬老熟幼虫开始脱果坠于地面，在树冠下1～2厘米深的土内，以及杂草、枯叶、树根枯皮、石块与土壤间结茧越冬。一般情况下，阴坡比阳坡、沟谷比平原、坡地荒地比耕地受害严重。早春干旱的年份发生较轻，成虫羽化时多雨潮湿则发生严重。

3. 防治方法

（1）4月上旬刨树盘，喷洒25%辛硫磷微胶囊剂3 000倍液，或每株树用25%辛硫磷微胶囊剂25克，拌土5～7.5千克，均匀撒施在树盘上，用以杀死刚复苏的越冬幼虫。

（2）6月中旬用2.5%溴氰菊酯3 000倍液，或50%杀螟松乳油1 000～1 500倍液，或40%乐果乳油1 000倍液，或灭扫利6 000倍液喷洒树冠和树干，每隔10～15天喷1次，连喷2～3次，可杀死羽化成虫、卵和初孵幼虫。

（3）7月上中旬为落果盛期，及时收集烧毁落果，可杀死果内幼虫，降低黑果率。若黑果提早于8月上旬采收，既可食用，又可消灭果内幼虫。

（4）林粮间作，勤刨树盘可减轻举肢蛾为害。覆土1厘米，95%的成虫不能出土；覆土3～4厘米，成虫可全部死亡。在自然情况下98%可羽化出土。农耕地比非农耕地虫茧减少近1倍，黑

果率降低 10%～60%。

（5）郁蔽的核桃林，在成虫发生期可使用烟剂熏杀成虫。

（二）木橑尺蠖

属鳞翅目，尺蠖蛾科，又名木橑步曲、吊死鬼等。在河北、河南、北京、山西、山东、四川等地均有发生。是一种杂食性害虫。主要为害核桃，以幼虫咀食叶片。发生严重时，3～5 天内就能将叶吃光。

1. 形态特征

（1）成虫　体长 17～31 毫米，复眼深褐色，胸部背面具有棕黄色鳞毛，在中央有一条浅灰色的斑点，在前翅基部有一近圆形的黄棕色斑纹，前翅近中央和后翅中央各有一个明显的浅灰色近圆形斑点。

（2）卵　长 0.9 毫米，扁圆形，绿色，孵化前变为黑色，卵块上覆有一层黄棕色绒毛。

（3）幼虫　共 6 龄，三龄幼虫体长 18 毫米，头宽 1.1 毫米。老熟幼虫体长约 70 毫米，头部暗褐色，体色随着寄生植物的颜色变化，散生灰白色小斑，头部有一个深棕色的"⌒"形凹纹，前胸背板先端两侧各有一个突起，胸足 3 对，腹足 2 对。

（4）蛹　长约 30 毫米，宽 3 毫米，初期翠绿色，最后变为黑褐色，体表布满刻点，但光滑，颅顶两侧具齿状突起，似耳状物。腹末有臀刺突起。

2. 生活史及习性

在山西、河南、河北每年发生 1 代。以蛹隐藏石堰根、梯田石缝内，以及树干周围土内 3 厘米深处越冬，也有在杂草、碎石堆下越冬的。翌年 5 月上旬羽化为成虫，7 月中下旬为盛期，8 月底为末期。成虫不活泼，趋光性强，喜欢在晚间活动，白天则静止在树上或梯田壁上，很容易发现。成虫出土以晚间 8～12 时最多，羽化后即交尾，交尾后 1～2 天内产卵，成虫喜欢产卵于寄主植物的皮缝内或石块上，卵块不规则，卵期 9～10 天，雌蛾产卵 1 000～1 500 粒，多者达 3 000 粒以上，成虫寿命 4～12

天。7月上旬孵化出幼虫，幼虫爬行很快，并能吐丝下垂借风力转移为害。喜食木橑、核桃叶片，先食叶尖，然后将全叶食尽。二龄以后，尾足攀缘能力强，在静止时直立在小枝上，或者以尾足和胸足分别攀缘在分杈处的两个小枝上，很像枝条，不易发现，幼虫期40天左右，8月中旬老熟幼虫坠地上，少数幼虫顺树干下爬或吐丝下垂着地化蛹。大发生年份，往往有几十或几百头幼虫聚在一起化蛹成"蛹巢"，蛹期230～250天。越冬蛹与土壤湿度关系密切，以土壤含水量10%最为适宜，低于10%则不利于生存，所以，在春旱年份，蛹的自然死亡率高，5月降雨较多，成虫羽化率高，幼虫发生量大，为害严重。

3. 防治方法

（1）在虫蛹密度大的地区，或在结冻前和早春解冻后组织群众人工挖蛹。

（2）在成虫羽化初、盛期的5～7月，可在晚间烧火堆或设黑光灯诱杀。

（3）在幼虫三龄前，可喷50%辛硫磷乳油1 000倍液，25%的亚胺硫磷乳油1 000倍液；50%的杀螟松乳油1 000倍液；20%敌杀死乳油5 000～8 000倍液；或用10%氯氰菊酯1 500～2 000倍液喷雾防治效果很好。

（三）云斑天牛

属鞘翅目天牛科。俗称铁炮虫、核桃天牛、钻木虫等。主要为害枝干。各地核桃产区均有分布。受害树有的主枝及中心干死亡，有的整株死亡，是核桃树上的一种毁灭性害虫。

1. 形态特征

（1）成虫　体长40～46毫米，宽15～20毫米，体黑色或灰褐色，密被灰色绒毛，头部中央有一纵沟。触角鞭状，长于体，前胸背板有一对肾形白斑，两侧各有一粗大刺突。小盾片白色。鞘翅上有大小不等的白斑，似云片状，基部密布黑色瘤状颗粒，两翅鞘的后缘有一对小刺。

（2）卵　长椭圆形，土黄色，长 6～10 毫米，宽 3～4 毫米，一端大，一端小，略弯曲扁平，卵壳硬，光滑。

（3）幼虫　体长 70～90 毫米，淡黄白色，头部扁平，半截属于胸部，前胸背板为橙黄色，着生黑色刻点，两侧白色，其上有一个月牙形的橙黄色斑块，斑块前方有两个黄色小点。

（4）蛹　长 40～70 毫米，淡黄白色，触角卷曲于腹部，形似时钟的发条。

2. 生活及习性　一般 2～3 年发生 1 代，以幼虫在树干里越冬。翌年 4 月中、下旬开始活动，幼虫老熟便在隧道的一端化蛹，蛹期 1 个月左右。核桃雌花开放时咬成 1～1.5 厘米大的圆形羽化口外出，5 月为成虫羽化盛期。成虫在虫口附近停留一会儿后再上树取食枝皮及叶片，补充营养。多夜间活动，白天喜栖息在树下及大枝上，有受惊落地的假死性，能多次交尾。5 月成虫开始产卵，产卵前将树皮咬成一指头大圆形或半月牙形破口刻槽，然后产卵其中。通常每槽内产卵一粒，雌虫产卵量约 40 粒。一般产在离地面 2 米以下、胸径 10～20 厘米的树干上，也有在粗皮上产卵的。6 月为产卵盛期，成虫寿命约 9 个月，卵期 10～15天，然后孵化出幼虫。初孵幼虫在皮层内为害，被害处变黑，树皮逐渐胀裂，流出褐色树液。20～30 天后幼虫逐渐蛀入木质部，不断向上取食，随虫龄增大，为害加剧，虫道弯曲，长达 25 厘米左右，不断向外排出木丝虫粪，堆积在树干附近，第一年幼虫在蛀道内越冬，翌年春继续为害，幼虫期长达 12～14 个月，第二年 8 月老熟幼虫在虫道顶端做椭圆形蛹室化蛹，9 月中、下旬成虫羽化，留在蛹室内越冬。第三年核桃发枝时，成虫从羽化孔爬出上树为害。

3. 防治方法

（1）成虫发生期，经常检查，利用其假死性进行人工振落或直接捕捉杀死。

（2）利用成虫的趋光性，于 6～7 月成虫发生期的傍晚，设黑光灯捕杀成虫。

（3）冬季或5~6月成虫产卵后，用石灰5千克，硫黄0.5千克，食盐0.25千克，水20千克充分拌和后，涂刷树干基部，能防止成虫产卵，又可杀死幼虫。

（4）在成虫产卵时，寻找产卵伤疤或流黑水的地方，用刀将被害处切开，杀死卵和幼虫。

（5）清除排泄孔中的虫粪、木屑，然后注射药液，或堵塞药泥、药棉球，并封好口，以毒杀幼虫。常用药剂有80%敌敌畏乳剂100倍液、50%辛硫磷乳剂200倍液等。

（6）7~8月每隔10~15天，在各产卵刻槽上喷50%杀螟乳剂400倍液，毒杀卵及初孵幼虫，或用40%杀虫净乳剂500~1 000倍液喷雾防治成虫，效果可达80%左右，还可兼治其他害虫。

（四）核桃瘤蛾

属鳞翅目，瘤蛾科。又名核桃毛虫。在山西、河南、河北及陕西等核桃产区均有发生，此虫是食害核桃树叶的偶发型暴食性害虫，1971年和1975年陕西商洛核桃产区曾大规模发生，一个复叶有数十头虫。尤其在7~8月为害最严重，能将树叶吃光，造成枝条二次发芽，使树势极度衰弱，导致翌年大批枝条枯死，大大影响核桃产量和结果寿命。

1. 形态特征

（1）成虫　体长6~9毫米，翅展15~24毫米，雌虫触角丝状，雄虫羽状，前翅前缘基部及中部有3块明显的黑斑，从前缘至后缘有3条波状纹，后缘中部有一褐色斑纹。

（2）卵　馒头形，直径0.2~0.4毫米，初产卵乳白色，孵化前变为褐色。

（3）幼虫　老熟幼虫体长10~15毫米，背面棕黑色，腹面淡黄褐色，体形短粗而扁，头暗褐色，前方有一个不太明显的"︿"形沟。中后胸背面各有4个瘤状突起，为黄白色。中后胸背面中央有一个明显的白色"十"字线，纵线一直延伸至前胸背板。腹部背面各节有4个暗红色的瘤，而且生有短毛。

（4）蛹　黄褐色，椭圆形，长 8～10mm。越冬茧长椭圆形，丝质细密，浅黄白色。

2. 生活史及习性　核桃瘤蛾一年发生 2 代（第一代和越冬代）。以蛹在石堰缝中越冬，也有的在树皮裂缝、树干周围杂草、落叶或土坡裂缝中越冬。翌年 5 月下旬开始羽化，盛期在 6 月上、中旬。6 月中下旬第一代幼虫孵化，7 月上、中旬为幼虫为害盛期。7 月中、下旬化蛹。7 月下旬至 8 月中旬出现第一代成虫。第二代幼虫于 8 月上旬开始孵化，8 月中、下旬为幼虫为害盛期，9 月上、中旬幼虫老熟，开始做茧化蛹越冬。成虫产卵多在叶背主脉两侧，有时也产在果实上，每处产 1 粒，有时也产 2～4 粒，散产。每头雌虫约产卵 200 粒。卵期 5～6 天。初孵化幼虫先在叶背取食，三龄以后叶片被食成网状缺刻，仅留叶脉。也有在叶背吐丝卷叶，数条幼虫聚集在内为害。一般在夜间为害剧烈，白天常常离开叶片爬到两果之间或树杈的阴暗处，群体栖息，日落后又爬到叶上为害。当叶片吃光后，幼虫也为害果实。幼虫老熟后，顺树下爬，在树干附近做茧化蛹越冬。

3. 防治方法

（1）利用老熟幼虫有下树化蛹越冬的习性，可在树根周围堆积石块诱杀。

（2）成虫出现盛期的 6 月中旬至 7 月中旬，应用黑光灯诱杀成虫。

（3）在幼虫为害的 6～7 月，选用 50％杀螟松乳剂 1 000 倍液、25％西维因 600 倍液、50％乐果乳剂 1 000 倍液、20％速灭杀丁（杀灭菊酯）乳油 6 000 倍液，防治效果很好。

（五）核桃叶甲

鞘翅目，叶甲科。又名核桃金花虫、核桃叶虫。各地均有发生，为害核桃和核桃楸较重。以幼虫及成虫群集咬食叶片。

1. 形态特征

（1）成虫 体长 7~8 毫米，扁平，略呈长方形，青蓝色至黑蓝色。前胸背板的点刻不显著，两侧为黄褐色，且点刻较粗，翅鞘点刻粗大，纵列于翅面，有纵行棱纹。

（2）卵 黄绿色。

（3）幼虫 体黑色，老熟时长约 10 毫米。胸部第一节为淡红色，以下各节为淡黑色。沿气门上线有突起。

（4）蛹 墨绿色，胸部有灰白纹，腹部第二至第三节两侧为黄白色，背面中央为灰褐色。

2. 生活史及习性 一年发生 1 代，以成虫在地面被覆物中越冬。越冬成虫于展叶后开始活动，群集于嫩叶上，将嫩叶食成网状或破碎状。卵产于叶背面聚集成块，每块卵有 20~30 粒。幼虫孵化后群集于树叶背面，咬食叶肉，使叶呈现一片枯黄。6 月下旬幼虫老熟，以腹部末端附于叶上，倒悬化蛹。蛹期 4~5 天，成虫羽化后，进行短期取食，即潜伏越冬。

3. 防治方法 春季利用成虫群集为害的习性可及时喷布高效氯氢菊酯 2 000 倍液。

（六）大青叶蝉

属同翅目、叶蝉科。又名青叶蝉、青叶跳蝉、大绿浮尘子。全国各地普遍发生，食性杂，为害核桃、苹果、梨等多种果树及林木。成虫在晚秋群集于核桃苗木和枝上产卵，产卵时将产卵管刺入枝条皮层，上下活动，刺成半月形伤口，然后产卵其中。使皮层鼓起，用手压可挤出黄色脓液（实为卵破裂所致）。产卵比较多的苗木或幼树的枝条越冬抽干死亡。

1. 形态特征

（1）成虫 体长 7.2~10.1 毫米，头淡褐色，顶部有两个黑点。胸前缘黄绿色，其余部分深绿色。腹部背面蓝黑色，腹面及足橙黄色。

（2）卵 长 1.6 毫米，乳白色，长卵圆形，稍弯曲。

（3）幼虫　形似成虫，无翅，有翅芽。

2. 生活史习性　一般一年发生3代，以卵在核桃或其他树枝条的皮下越冬。第二年4月下旬至5月上旬孵化幼虫，转移为害农作物、杂草等。7月上旬发生第二代成虫，8月下旬发生第三代成虫。10月"霜降"以后，农作物已收割，成虫向核桃树上迁移。大批成虫群集在一年生枝条上产卵越冬。

3. 防治方法　国庆节前后雌虫转移到核桃树上产卵时，虫口集中，可用敌杀死2 000倍液、功夫4 000倍液喷杀。一般要喷2～3次，每隔7～10天喷1次，杀虫效果好。

（七）核桃小吉丁虫

属鞘翅目吉丁虫科，为害枝条。在山西、山东、河南、河北等地均有分布。以幼虫在2～3年生枝条皮层中串食为害，造成枝梢干枯，幼树生长衰弱，甚至死亡。

1. 形态特征

（1）成虫　体长4～7毫米，黑色，有铜绿色金属光泽，触角锯齿状，头、前胸背板及鞘翅上密布小刻点，鞘翅中部两侧向内凹陷。

（2）卵　椭圆形、扁平，长约1.1毫米，初产乳白色，逐渐变为黑色。

（3）幼虫　体长7～20毫米，扁平，乳白色，头棕褐色缩于第一胸节，胸部第一节扁平宽大，腹末有一对褐色尾刺。背中有一条褐色纵线。

（4）蛹　裸蛹，白色，复眼黑色。

2. 生活史及习性　该虫一年发生1代，以幼虫在2～3年生被害枝内越冬。5月中下旬开始化蛹，盛期在6月，化蛹期持续两个多月，7月为成虫发生盛期和产卵期。成虫钻出枝后，经10～15天取食核桃叶片补充营养，开始交尾产卵。卵多产在树冠外围和生长衰弱的2～3年生枝条向阳光滑面的叶痕上或其附近处，散产，一个枝条上可产卵20～30粒，卵期约10天。初孵幼虫即在卵的下面蛀入表皮为害，随着虫体增大，逐渐深入到皮层和木质部中间为害，隧道呈螺旋状，内有褐色虫粪，被害枝表面除有不明显的蛀孔痕道外，还有许多月牙形通气孔（图7-3，图7-4）。受害枝条上的叶片枯黄早落，翌年春季干枯。8月下旬后，幼虫陆续蛀入木质部，做一蛹室越冬。

图7-3　小吉丁虫为害枝条　　　图7-4　小吉丁虫为害皮层

3. 防治方法

（1）加强对核桃树的肥水、修剪、除虫防病等综合管理，增强树势，促使树体旺盛生长，是防治该虫的有效措施。

（2）采收核桃后至落叶前、发芽后至成虫羽化前结合修剪，人工将枝上的黄叶枝和病弱枝、枯枝等剪下烧毁，剪时注意多往下剪一段健壮枝，防止遗漏，效果显著且可靠。

（3）7、8月份，经常检查，发现有幼虫蛀入的通气孔，立即涂抹10倍溴氰菊酯或氟氯氰菊酯，可杀死皮内小幼虫，或结合修剪剪去受害的干枯枝。

（八）刺蛾

黄刺蛾、褐刺蛾、绿刺蛾和扁刺蛾属鳞翅目，刺蛾科。俗称痒刺子、毛八角、刺毛虫等。在全国各地均有分布。初龄幼虫取食叶片的下表皮和叶肉，仅留表皮层，叶面出现透明斑。三龄以后幼虫食量增大，把叶片食成很多孔洞、缺刻，影响枝势和第二年结果。幼虫体上有毒毛，触及人体，会刺激皮肤发痒发痛。发生严重时应进行防治。

1. 形态特征

(1) 成虫　体长 13～18 毫米，翅展 28～39 毫米，体暗灰褐色，腹面及足色深，触角雌丝状，基部 10 多节呈栉齿状，雄羽状。前翅灰褐稍带紫色，中室外侧有一明显的暗褐色斜纹，自前缘近顶角处向后缘中部倾斜；中室上角有一黑点，雄蛾较明显。后翅暗灰褐色。

(2) 卵　扁椭圆形，长 1.1 毫米，初淡黄绿，后呈灰褐色。

(3) 幼虫　体长 21～26 毫米，体扁椭圆形，背稍隆似龟背，绿色或黄绿色，背线白色、边缘蓝色；体边缘每侧有 10 个瘤状突起，上生刺毛，各节背面有两小丛刺毛，第四节背面两侧各有 1 个红点。

(4) 蛹　体长 10～15 毫米，前端较肥大，近椭圆形，初乳白色，近羽化时变为黄褐色。茧长 12～16 毫米，椭圆形，暗褐色。

2. 生活史及习性　黄刺蛾在山西、陕西每年发生一代。以老熟幼虫在枝条分杈处结茧越冬。第二年 7 月中、下旬化蛹，8 月上中旬为幼虫发生期。初龄幼虫群栖为害，舔食叶肉，幼虫稍大，就从叶尖向下为害，仅剩下叶柄和主脉。

褐刺蛾、绿刺蛾、扁刺蛾的生活史和习性基本上和黄刺蛾相同。它们的老熟幼虫在树下浅土层中或草丛、石砾缝中结茧越冬。

3. 防治方法

(1) 消灭初龄幼虫。有的刺蛾初龄幼虫有群栖为害习性，被害叶片出现透明斑，及时摘除虫叶，踩死幼虫。

(2) 刺蛾幼虫发生严重时，可用水胺硫磷 1 000 倍液或 10％氯氰菊酯乳剂 5 000 倍液，杀虫率达 90％以上。

(九) 金龟子

1. 形态特征　属鞘翅目、金龟总科、鳃金龟科、绢金龟亚科、绢金龟属的昆虫。分布十分广泛，是我国各地最常见的金龟子的优势种之一。

(1) 铜绿金龟子　成虫体长 18～21 毫米，宽 8～10 毫米。背面铜绿色，有光泽（图7-5），前胸背板两侧为黄色。鞘翅有栗色反光，并有3条纵纹突起。雄虫腹面深棕褐色，雌虫腹面为淡黄褐色。卵为圆形，乳白色。幼虫称蛴螬，乳白色，体肥，并向腹面弯呈"C"形，有胸足3对，头部为褐色（图7-6）。

图7-5 铜绿金龟子成虫　　　　图7-6 金龟子幼虫

（2）朝鲜黑金龟子　成虫体长20～25毫米，宽8～11毫米。黑褐色，有光泽，鞘翅黑褐色，两鞘翅会合处呈纵线隆起，每一鞘翅上有3条纵隆起线。雄虫末节腹面中部凹陷，前方有一较深的横沟；雌虫则中部隆起，横沟不明显。

（3）暗黑金龟子　成虫体长18～22毫米，宽8～9毫米，暗黑褐色无光泽。鞘翅上有3条纵隆起线。翅上及腹部有短小蓝灰绒毛，鞘翅上有4条不明显的纵线。

（4）茶色金龟子　成虫体长10毫米左右，宽4～5毫米。茶褐色，密生黄褐色短毛。鞘翅上有4条不明显的纵线。

（5）黑绒金龟子　成虫体长8～10毫米，宽4～5毫米。黑褐色，密生黑色短绒毛。鞘翅上有4条不明显的纵线。

2. 生活史及习性　生活史较长，完成一个世代所需时间1～6年不等，在生活史中，金龟子幼虫历时最长。常以幼虫或成虫在土中越冬。金龟子的发生为害与环境条件有着密切的关系。地势、土质、茬口等直接影响金龟子种群的分布，而大气、土壤温湿度的高低则直接决定金龟子成虫出土、产卵和幼虫的活动与为害。

在华北和东北地区两年发生1代，黄河以南1～2年发生1代，均以成虫或幼虫在土中20～40厘米深处越冬。第二年越冬成虫在10厘米地温达14～15℃时开始出土，5月上旬至7月中、下旬，为成虫的盛发期，产卵盛期在6月上旬至7月上旬。成虫白天潜伏土中，傍晚出土活动，能取食多种作物和树木的叶片或果树花芽，有假死性和较强的趋光性。

其幼虫蛴螬可食害萌发的种子，咬断幼苗的根茎，断口整齐平截，常造成幼苗枯死，轻则缺苗断垄，重则毁种绝收。其成虫有些能食害作物和果树林木的叶片和嫩芽，严重时仅留下枝干。金龟子类是重要的农林地下害虫，其幼虫统称蛴螬。我国有50余种，遍布全国各地，最重要的种类有大黑鳃金龟、暗黑鳃金龟、云斑鳃金龟和铜绿丽金龟。4种重要的金龟子除西藏和新疆以外，全国各地均广泛分布。金龟子类食性很杂，能为害多种植物，几乎能食害所有农作物、蔬菜、果林和苗木的地下部分。

3. 防治方法

（1）人工捕捉。利用成虫的假死特性，在清晨或傍晚在地上铺开塑膜后，摇动树枝，则成虫落在塑膜上，集中消灭。

（2）灯光诱杀。利用成虫的趋光性，在夜间使用黑光灯、电灯诱杀。即在灯下放一小盆水，水中放少量汽油或柴油，成虫通过水面反光冲入盆中后即可杀死。现在生产上大量使用太阳能杀虫灯消灭金龟子。

（3）果糖诱杀。用40厘米长和底部有节的毛竹筒，用塑料绳（带）穿好后挂在紧靠树干上，筒内放1个已成熟并削去顶皮后的果实，再加少量蜜糖或浓糖水，成虫闻到果糖味后，会沿着筒壁爬入筒内取食。爬下后便不能爬出，每天傍晚前收集成虫杀死。

（4）药物防治。5～6月成虫盛发期间：①在地表撒施辛硫磷等触杀剂；②对树冠喷布90％敌百虫800倍液或80％敌敌畏1 000倍液，可有效杀死成虫。

（十）叶蝉（浮尘子）

1. 形态特征 成虫雌虫体长 9.4～10.1 毫米，头宽 2.4～2.7 毫米；雄虫体长 7.2～8.3 毫米，头宽 2.3～2.5 毫米。头部正面淡褐色，两颊微青，在颊区近唇基缝处左右各有 1 小黑斑；触角窝上方、两单眼之间有 1 对黑斑。复眼绿色。前胸背板淡黄绿色，后半部深青绿色。小盾片淡黄绿色，中间横刻痕较短，不伸达边缘。前翅绿色带有青蓝色泽，前缘淡白，端部透明，翅脉为青黄色，具有狭窄的淡黑色边缘。后翅烟黑色，半透明。腹部背面蓝黑色，两侧及末节端为橙黄带有烟黑色，胸、腹部腹面及足为橙黄色，附爪及后足胫节内侧细条纹、刺列的每一刻基部为黑色。

2. 生活史及习性 北方一年发生 3 代，以卵于树木枝条表皮下越冬。4 月孵化，于杂草、农作物及蔬菜上为害，若虫期 30～50 天，第一代成虫发生期为 5 月下旬至 7 月上旬。各代发生期大体为：第一代 4 月上旬至 7 月上旬，成虫 5 月下旬开始出现；第二代 6 月上旬至 8 月中旬，成虫 7 月开始出现；第三代 7 月中旬至 11 月中旬，成虫 9 月开始出现。发生不整齐，世代重叠。成虫有趋光性，夏季颇强，晚秋不明显，可能是低温所致。成虫、若虫日夜均可活动取食，产卵于寄主植物茎秆、叶柄、主脉、枝条等组织内，以产卵器刺破表皮成月牙形伤口，产卵 6～12 粒于其中，排列整齐，产卵处的植物表皮成肾形凸起。每雌可产卵 30～70 粒，非越冬卵期 9～15 天，越冬卵期达 5 个月以上。前期主要为害农作物、蔬菜及杂草等植物，至 9、10 月农作物陆续收割、杂草枯萎，则集中于秋菜、冬麦等绿色植物上为害，10 月中旬第三代成虫陆续转移到果树、林木上为害并产卵于枝条内，10 月下旬为产卵盛期，直至秋后，以卵越冬。

3. 防治方法

（1）在成虫期利用灯光诱杀，可以大量消灭成虫。

（2）成虫早晨不活跃，可以在露水未干时，进行网捕。

（3）在 9 月中旬至 10 月中旬左右，当雌成虫转移至树木产卵以及4月中旬越冬卵孵化，幼龄若虫转移到矮小植物上时，虫口集中，可以用90%敌百虫晶体、80%敌敌畏乳油、50%辛硫磷乳油1 000倍液喷杀。

（十一）核桃横沟象

核桃横沟象又名根象甲，在我国很多核桃产区均有分布。主要以坡底沟洼和村旁土质肥沃的地方及生长旺盛的核桃树上为害较重。

1. 形态特征 鞘翅目，象甲科。

（1）成虫 体长12～17毫米。全身黑色。头部延长呈管状，长约为体长的1/3，触角着生于头管前端，膝状。胸部背面密布不规则点刻，鞘翅上的点刻排列整齐。鞘翅近中部和端部有数块棕褐色绒毛斑。

（2）卵 椭圆形，长1.4～2毫米，宽1～1.3毫米，初产时黄白色，后变为黄色至黄褐色。

（3）幼虫 老熟幼虫体长14～20毫米，黄白色，头部棕褐色。肥胖，弯曲，多皱褶。

（4）蛹 长14～17毫米，黄白色，末端有2根褐色臀刺。

2. 生活史及习性 该虫在陕西、四川均为两年发生1代，前后经历3年的时间。以成虫和幼虫在根颈皮层中越冬，3月下旬到4月上旬开始活动，取食叶片、嫩枝。5～10月为产卵期。90%的幼虫集中在表土下5～20厘米深的根颈皮层中为害（图7-7），个别幼虫为害深度可达45～60厘米。幼虫为害期长，每年3～11月均能蛀食，12月至第二年2月为越冬期。幼虫白色，无足。

图7-7 核桃横沟象为害状

由于该虫在核桃根颈部皮层中串食，破坏树体输导组织，阻碍水分和养分的正常运输，致使树势衰弱，轻者减产，重者死亡。幼虫刚开始为害时，根颈皮层不开裂，无虫粪及树液流出，根颈部有豆粒大小的成虫羽化孔。当受害严重时皮层内多数虫道相连，充满黑褐色粪粒及木屑，被害树皮层纵裂，并流出褐色液体。

3. 防治方法

（1）成虫产卵前，将根颈部土壤挖开，涂抹浓石灰浆于根颈部，然后封土，以阻止成虫在根上产卵，效果很好，可维持2～3年。

（2）冬季结合翻树盘，挖开根颈泥土，剥去根颈粗皮，降低根部湿度，造成不利于虫卵发育的环境，可使幼虫虫口数降低75%～85%。

（3）4～6月，挖开根颈部泥土，用斧头每隔10厘米左右砍破皮层，用药液重喷根颈部，然后用土封严，毒杀幼虫和蛹，效果显著。

（4）7～8月成虫发生期，结合防治举肢蛾，在树上喷药防治。此外，应注意保护白僵菌和寄生蝇等横沟象的天敌。

二、核桃主要病害及其防治方法

（一）黑斑病

核桃黑斑病是一种世界性病害，在我国核桃产区均有不同程度发生。新疆早实型核桃发病较重，严重时造成早期落叶，果实变黑、腐烂、早落，或使核仁干瘪减重，出油率降低。

1. 病害症状 主要为害果实，其次是叶片、嫩梢及枝条。核桃幼果受害后，开始在果面上出现黑褐色小斑点，后形成圆形或不规则形黑色病斑并下陷，外围有水渍状晕圈，果实由外向内腐烂，常称之为"核桃黑"。幼果发病，因果壳未硬化，病菌可扩展到核仁，导致全果变黑，早期脱落。当果壳硬化后，发病病菌只侵染外果皮，但核仁不同程度地受到影响。叶片感病，首先在叶脉及叶脉的分权处出现黑色小点，逐渐扩大呈近圆形或多角形黑褐色病斑，外缘有半透明状晕圈。雨水多时，叶面多呈水渍状近圆形病斑，叶背更为明显。严重时，病斑连片扩大，叶片皱缩，枯焦，病部中央变成灰白色，有时呈穿孔状，致使叶片残缺不全，提早脱落。枝梢上病斑呈长圆形或不规则形，褐色稍凹陷，病斑绕枝干一周，造成枝梢叶落。

2. 发病规律　病原细菌在感病枝条、芽苞或茎的老病斑上越冬。翌年春天借雨水和昆虫活动进行传播，首先使叶片感病，再由叶传播到果实及枝条上。细菌能侵入花粉，所以花粉也可成为病菌的传播媒介。每年4～8月发病，反复侵染多次。病菌侵入果实内部时，核仁也可带菌。

细菌从皮孔和各种伤口侵入。举肢蛾、核桃长足象、核桃横沟象等在果实、叶片及嫩枝上取食或产卵造成的伤口，以及灼伤、雹伤都是该菌侵入的途径。

核桃黑斑病的发生及发病程度与温湿度关系密切。在多雨年份和季节（春、夏雨水多）发病早而严重，山西汾阳气候干燥、雨量小，一般不发病，当地核桃更少发病，但1988年6～8月，汾阳县雨量为常年的1.93倍，早实核桃普遍感病，感病率为95%，本地核桃也有发生，但病果率仅为11.6%。可见高温高湿是该病发生的先决条件。

核桃最易感病期是在展叶和开花期，当组织幼嫩，气孔充分开放或伤口多，表面潮湿的情况下，有利病菌侵入，据报道，细菌侵染幼果的适温是5～27℃，侵染叶片的适温是4～30℃。一般雨后病害迅速蔓延。

该病菌能侵染多种核桃。不同品种、类型、树龄、树势的植株发病程度均不同。一般新疆核桃重于本地核桃，弱树重于健壮树，老树重于中幼龄树。虫害多的植株或地区发病严重。

3. 防治方法

（1）选育抗病品种作为防治的重要途径。如晋龙1号、辽核4号抗病性强。

（2）加强苗期病害防治，尽量减少病菌，在新发展的地区，禁用病苗定植，防止病害扩展蔓延。

（3）加强栽培管理，保持树体健壮生长，提高抗病能力。

（4）核桃发芽前，喷一次5波美度石硫合剂，消灭越冬病菌，减少侵染病源，兼治介壳虫等其他病虫害。

（5）在核桃展叶前，喷1：0.5：200（硫酸铜：生石灰：水）的波尔多液，保护树体，既经济又效果好。

（6）在5～6月发病期，用50％可湿性硫菌灵粉剂1 000～1 500倍液防治，效果较好。在核桃开花前、开花后、幼果期、果实速长期各喷1次波尔多液、代森锌可兼治多种病虫，用25％亚胺硫磷乳剂加65％代森锌可湿性粉剂加尿素加水（2：2：5：1 000）等混合液喷雾，可达到病虫兼治，还可起到根外追肥的作用，防治效果良好。

（7）采收后，结合修剪，清除病枝，收拾净枯枝病果，集中烧毁或深埋，以减少病源。

根据核桃病害的发生及其发展规律，应以防为主，综合治理，在科学管理、保证树势健壮的前提下生产才会有质有量，获得较大的经济收益。

（二）炭疽病

该病主要为害果实、幼树、嫩梢和芽。在新疆主要为害核桃果实，引起早落或核仁干瘪，发病重的年份对核桃产量影响很大。

1. 病害症状 果实受害后，果皮上出现褐色至黑褐色病斑，圆形或近圆形，中央下陷，病部有黑色小点产生，有时呈轮纹状排列。湿度大时，病斑小黑点处呈粉红色突起，即病菌的分生孢子盘及分生孢子。一个病果常有多个病斑，病斑扩大连片后导致全果变黑、腐烂达内果皮，核仁无任何食用价值。发病轻时，核壳或核仁的外皮部分变黑，降低出油率和核仁主产量，或果实成熟时病斑局限在外果皮，对核桃影响不大。叶片感病后，病斑不规则，有的沿叶缘四周1厘米处枯黄，或在主脉两侧呈长条形枯黄，严重时全叶枯黄脱落。苗木、幼树及芽、嫩枝感病后，常从顶端向下枯萎，叶片呈烧焦状脱落，潮湿时在黑褐色的病斑上产生许多粉红色的分生孢子堆（图7-8）。

2. 发病规律 核桃炭疽病由真菌的盘圆孢菌所致，病菌以菌丝体在病枝、芽上越冬，成为来年初次侵染来源。病菌分生孢子借风、雨、昆虫传播，从伤口、自然孔口侵入，在25～28℃下，潜育期3～7天，一般幼果期易

图7-8 核桃炭疽病

受侵染，7～8月发病重，并可多次进行再侵染。新疆核桃感病重，受害严重，发病的早晚、轻重与当年的雨量有密切关系。如雨季早、高温、湿度大、雨多则发病早且重。否则，发病晚，为害轻。

3. 防治方法 与防治核桃黑斑病基本相同，喷药时间略晚。

（三）腐烂病

腐烂病又名黑水病。在山西、山东、四川等地均有发生，从幼树到大树均有受害。核桃进入结果期后，如栽培管理不当，缺肥少水，负荷太大，树势衰弱，腐烂病发生严重造成枝条枯死，结果能力下降，严重时引起整株死亡。特别是新疆核桃产区发生较重，病株率可达80％左右。

1. 病害症状 核桃腐烂病主要为害枝干树皮，因树龄和感病部位不同，其病害症状也不同，大树主干感病后，病斑初期隐藏在皮层内，俗称"湿囊皮"。有时多个病斑连片形成大的斑块，周围聚集大量白色菌丝体，从皮层内溢出黑色粉液（图7-9）。发病后期，病斑可扩展长达20～30厘米。树皮纵裂，沿树皮裂缝流出黑水（故称黑水病），干后发亮，好似刷了一层黑漆，幼树主干和侧枝受害后，病斑初期近棱形，呈暗灰色，水渍状，微肿起，用手指按压病部，流出带泡沫的液体，有酒糟气味。病斑

上散生许多黑色小点，即病菌的分生孢子器。当空气湿度大时，从小黑点内涌出橘红色胶质丝状物，为病菌的分生孢子角。病斑沿树干纵横方向发展，后期病斑皮层纵向开裂，流出大量黑水，当病斑环绕树干一周时，导致幼树侧枝或全株枯死。枝条受害主要发生在营养枝或2～3年生的侧枝上，感病部位逐渐失去绿色，皮层与木质剥离迅速失水，使整枝干枯，病斑上散生黑色小点的分生孢子器（图7-10）。

图7-9 腐烂病发生初期　　　　图7-10 腐烂病旧病疤

2. 发病规律 核桃腐烂病是一种真菌（属球壳孢目）所致，在显微镜下，分生孢子器埋于木栓层下，多腔，形状不规则，黑褐色，有长颈。分生孢子单胞，无色，香蕉形。病菌以菌丝体及分生孢子器在病树上越冬。翌年早春树液流动时，病菌孢子借雨水、风力、昆虫等传播。从各类伤口侵入，逐渐扩展蔓延危害。在4～9月成熟的分生孢子器，每当空气湿度大时，陆续泌出分生孢子角，产生大量的分生孢子，进行多次侵染危害，直至越冬前停止侵染。春秋两季为一年的发病高峰期，特别是在4月中旬至5月下旬危害最重。一般管理粗放、土层瘠薄、排水不良、肥水不足、树势衰弱或遭受冻害及盐害的核桃树易感染此病。

3. 防治方法

（1）加强核桃园的综合管理，提高树体营养水平，增强树势和抗寒抗病能力，是防治此病的基本措施。

（2）经常检查，一经发现及时刮治病斑。用40％福美砷可湿性粉剂50～80倍液，或50％甲基硫菌灵可湿性粉剂50倍液，或50％退菌特可湿性粉剂50倍液，或5～10波美度石硫合剂，或1％硫酸铜液进行涂抹消毒，然后涂波尔多液保护。伤口病疤最好刮成菱形，刮口应光滑、平整，以利愈合。病疤刮除范围应超出变色坏死组织1厘米左右。要求做到"刮早、刮小、刮了"，以春季为重点，其次是秋季，但常年检查及刮治不能放松，刮下的病屑应及时收集烧毁，避免人为传染。

（3）采收核桃后，结合修剪，剪除病虫枝，刮除病皮，收集烧毁，减少病菌侵染源。

（4）冬季刮净腐烂病疤，然后树干涂白，预防冻害、虫害引起腐烂发生。

（四）核桃枝枯病

核桃枝枯病主要为害核桃枝干，造成枯枝和枯干。一般植株被害率20％左右，严重时达90％，对产量影响较大。

1. 病害症状 1～2年生枝或侧枝受害后，先从顶端开始，逐渐蔓延至主干。受害枝上的叶变黄脱落。病枝皮层逐渐失绿，变成灰褐色，干燥开裂，并露出灰褐色的木质部，当病斑扩展绕枝干一周时，枝条逐渐枯死。在病死枝干的皮层表面产生许多突起的黑色小点，直径1～3毫米。

2. 发病规律 病菌在病枝上越冬，翌年早春病菌孢子借风力、雨水、昆虫等传播，从机械伤、虫伤、枯枝处或嫩梢侵入，逐渐扩大，皮层枯死开裂，病部表面散生黑色粟粒状突起的分生孢子盘，不断散放出分生孢子，进行多次侵染，7～8月为发病盛期。到9月后停止发病。

核桃枝枯病是弱寄生菌，发病轻重与核桃栽培管理、树势强弱有密切关系。一般园地草荒、缺水少肥、生长衰弱或受伤害的发病重。而生长健壮的树受害轻。受冻的幼树也易感染此病。

3. 防治方法

（1）加强栽培管理，增强树势。

（2）剪除枯枝。6～8月连续喷3次代森锰锌300倍液，每隔10天喷1次，防治效果好。

4. 防治实例　山西省林业科学研究所于1990—1992年在蒲县进行了枝枯病防治试验。试验园面积70亩，1 000株树，树龄10～30年。试验前三年，由于管理不善，致使园地荒芜，树体衰弱，个别树整株死亡，枯枝株率100％，产量也直线下降，总产量从1987年的1 759千克降到1989年的900千克，减产近一半。

主要技术措施：

A. 加强土壤管理。每年全园耕翻1～2次，树盘松土除草。

B. 施肥。春季核桃萌芽至开花期每株施碳酸氢铵1～2千克，秋季施农家肥10千克，过磷酸钙1～2千克。

C. 剪除枯枝，6～8月连喷3次代森锰锌300倍液。

经过3年管理，树势转旺，据对30株核桃树的调查：1～2年生枝枯率从原来的44.9％下降到4％，冠幅从5.6米增加到7米，株产从1.5千克增加到5千克。全园1992年产量达到2 400千克，为试验前的2.7倍。

三、核桃病虫害无公害防治

（一）核桃病虫害无公害防治原则

核桃病虫害的防治方法很多，实际应用时应遵循"预防为主，综合治理"的植保方针，以农业和物理防治为基础，生物防治为核心，按照病虫害的发生规律和经济阈值，科学使用化学防治技术，尽量少用药，巧用药，达到保护天敌、减少环境污染等目的，有效控制病虫危害。

（二）核桃病虫害无公害防治措施

1. 农业防治

（1）合理间作、套作　果园间作物选择要与核桃树无不良影响，没有共同病虫害的作物种类，不间作高秆作物，不套种其他果树，保持生长季节良好的果园生态环境，压低和控制病虫害滋生繁衍能力。

（2）及时耕翻　生长期结合中耕除草，收获后对树冠下进行全面深翻，既可以灭虫，又可以疏松土壤，提高树体越冬及抗病虫害能力。

（3）合理浇灌、施肥，增强树势　以施用有机肥为主，配合无机复合肥，控制氮肥；合理调节负载量；生长后期控制土壤水分；并合理整形修剪，调整改造高大老龄树体结构，降低树高，保持树冠通风透光，以增强树势、便于管理。

（4）加强田间管理　在核桃生长期和采收后清洁果园，刮树皮，堵树洞，除卵块，剪除病虫枝，压低休眠期病虫越冬基数，可有效防治核桃小吉丁虫、黄须球小蠹和黑斑病、枯枝病等。成虫产卵前在根颈部和临近主根上涂抹石灰泥阻止产卵，对根象甲和芳香木蠹蛾有很好的防治效果。根据核桃白粉病、炭疽病等在病枝残叶上越冬的特点，在秋末冬初彻底清除树体和树下周围的残枝落叶和杂草，全面消灭越冬菌源。及时拣拾地面落果，摘除树上黑果，集中深埋，杀死果内举肢蛾、桃蛀螟和果食象甲等幼虫，减少后期虫果和越冬虫口。

2. 物理防治　物理防治是指通过创造不利于病虫发生但有利于或无碍于作物生长的生态条件的防治方法。它是根据害虫生物学特性，通过病虫对温度、湿度或光谱、颜色、声音等的反应能力，采取糖醋液、树干缠草绳、黄色粘虫板、驱虫网和黑光灯等方法来控制虫害发生，杀死、驱避或隔离害虫。物理防治具有无残留、不产生抗性等特点。如6月是云斑天牛成虫出现较多的季节，可以进行人工捕杀或利用灯光诱杀。

3. 生物防治　生物防治是利用有益生物或其他生物来抑制或消灭有害生物的一种防治方法。可利用微生物防治，常见的有真菌、细菌、病毒和能分泌抗生物质的抗生菌，如白僵菌、苏云金杆菌、病毒、5406 等。利用寄生性天敌防治，主要有寄生蜂和寄生蝇等。利用捕食性天敌防治，主要为鸟类和捕食性昆虫等，如山雀、灰喜鹊、啄木鸟、瓢虫、螳螂、蚂蚁、蜘蛛等。

4. 化学防治　化学防治的用药原则是根据防治对象的生物学特性和危害特点，合理使用生物源农药、矿物源农药和低毒有机合成农药，有限制地使用中毒农药，禁止使用剧毒、高毒、高残留农药。

（1）允许使用的农药品种

A. 杀虫杀螨类：1％阿维菌素乳油、10％吡虫啉可湿性粉剂、25％扑虱灵可湿性粉剂、0.3％苦参碱水剂、5％尼索朗乳油、25％灭幼脲 3 号悬浮剂、10％多来宝悬浮液、50％马拉硫磷乳油、50％辛硫磷乳油、苏云金杆菌可湿性粉剂、石硫合剂、45％晶体硫合剂等。

B. 杀菌类：5％菌毒清水剂、腐必清乳剂、2％农抗 120 水剂、80％喷克可湿性粉剂、80％大生 M‑45 可湿性粉剂、70％甲基硫菌灵可湿性粉剂、50％多菌灵可湿性粉剂、40％福星乳油、1％中生菌素水剂、27％铜高尚悬浮剂、石灰倍量式或多量式波尔多液、50％扑海因可湿性粉剂、70％代森锰锌可湿性粉剂、70％乙腈铝锰锌可湿性粉剂、15％粉锈宁乳油、50％硫胶悬剂、石硫合剂、843康复剂、68.5％多氧霉素、75％百菌清可湿性粉剂等。

（2）限制使用的农药　20％灭扫利乳油、30％桃小灵乳油、80％敌敌畏乳油、4.5％高效氯氰乳油、20％菊马乳油、21％灭杀毙乳油、5％来福灵乳油、20％速灭杀丁乳油、70％溴马乳油、2.5％敌杀死乳油。

（3）禁止使用的农药　甲拌磷、乙拌磷、久效磷、对硫磷、甲基对硫磷、甲基异柳磷、灭线磷、硫环磷、地虫硫磷、氯唑磷、苯线磷、氧化乐果、磷胺、克百威、涕灭威、灭多威、杀虫脒、三氯杀螨醇、克螨特、滴滴涕、六六六、林丹、氟化钠、氟乙酰胺、福美砷及其他砷制剂等。

（4）合理使用化学农药　具体措施如下：

A. 加强病虫害的预测预报，做到有针对性地适时用药，在发生初期及时用药，未达到防治指标或益害虫比合理的情况下不用药。如早实核桃易患炭疽病，发芽前喷石硫合剂，6 月开始每隔 15 天喷 1 次 200 倍等量式波尔多液，或喷 1 000～1 500 倍甲基硫菌灵可控制发病。具体用药，应结合本地实际情况进行施用。

B. 允许使用的农药，每年最多使用 2 次。最后一次施药距采收期 20 天以上。

C. 限制使用的农药，每年最多使用 1 次。最后一次施药距采收期 30 天以上。

D. 严禁使用禁止使用的农药和未核准登记的农药。

E. 根据天敌的发生特点，合理选择农药种类、施用时间和施用方法，保护天敌。

F. 注意不同作用机理的农药交替使用和合理混用，以延缓病菌和害虫产生抗药性，提高防治效果。

第八章

核桃园的越冬管理

一、我国核桃分布与冻害

我国核桃分布在华北、西北、西南等地 20 多个省（自治区、直辖市），地理位置、气候特点、海拔高度、土壤类型多种多样。由于经度、纬度跨越较大，形成了气候差异，特别是各地均有小气候形成，因而栽培范围有所扩大。但是超出小气候的地方，常常遭受冻害。我国核桃产区的冻害，即使在适宜栽培的地区，也常因气候反常造成低温冻害。因此，须坚持适地适树的原则，设计者一定要了解当地的气候特点，了解品种特性，根据栽培条件合理设计、科学发展。

二、常见冻害表现

核桃树遭受低温冻害后，主要体现在树干纵向产生裂纹，枝梢失水抽干死亡，花、叶、芽干枯脱落几个方面。冻害较轻时，秋梢部分受冻后失水抽干，不影响当年产量。一般年份都有不同程度发生，尤其是我国北方核桃产区，常常因晚霜危害造成减产和树体伤害。冻害多发生在 1～2 年生幼树以及当年嫁接后生长的新梢。当冻害严重时，核桃主干受冻后产生纵向裂纹，部分主枝及多年生大枝死亡，当年大量减产，甚至绝收。1～3 年生幼树根颈部形成层受冻后先产生环状褐色坏死病斑，后皮层变褐腐烂，流出黑水。严重时地上部分整株死亡（图 8-1 至图 8-4）。

图8-1　严重霜冻地上部冻死

图8-2　轻微霜冻　　　　　　　图8-3　主干冻裂

三、常见防冻措施与预防效果

（一）预防措施

1. 园址选择　核桃是多年生树种，在同一地方生长少则十几年，多则几十年上百年。在园址选择时要尽可能地满足树体生长发育所需的外界气候条件。不宜在地下水位高、土壤板结、盐碱地栽植核桃树。地下水位高，核桃树生长过旺，冬季落叶晚，易受冻害。土壤板结、盐碱地种植核桃，则生长不良，树势弱，也易受冻害。同时，建园时应设防护林系统，以防风固沙、降低风速、减少

风害，调节园内湿度，提高温度，
减轻冻害、霜害的发生。

2. 品种选择　在品种选择上
要根据当地的区划要求因地制宜，
选择抗寒性强的品种进行栽培。
切不可盲目发展，更不要贪大、
求新、赶时髦。

**3. 加强田间管理　提高越冬
能力**　加强核桃园田间管理，主
要是通过改进栽培技术，控制营
养生长和生殖生长，以提高树体
的抗寒力，这是避免和减轻冻害

图 8-4　冻害引起枝干腐烂病

的最根本的技术措施。采取综合性技术措施，加强核桃园综合管
理，促进前期生长。控制后期生长，增大叶片，提高光合效能。保
证枝条充实，较多地积累树体营养是树体及时休眠、安全越冬的重
要保障。根据管理水平和树势，合理修剪，不一味缓放，超负荷生
产。加强病虫害的防治，保证树体健全，枝叶繁茂，充分发挥器官
功能。以利于营养物质积累。在保证坚果质量的前提下，适当提前
采收，可减少养分消耗，相对增加积累，对提高果树抗逆性有一定
作用。

4. 加强树体保护，改善环境条件　在树体越冬前采用保护树
体、改善园内条件等技术，可以避免冻害或减轻冻害的程度。新定
植幼树，可涂白，树干缠卫生纸＋地膜双层保护。对 30 厘米以下
的小树苗，采取封土堆，或套塑料袋装土等措施使幼树免遭冻害
（图 8-5，图 8-6）。根颈是树体地上部和地下部连接的部位，也
是树体比较活跃的地方，进入休眠最晚，而解除休眠又早，常因地
表温度剧烈变化而产生冻害。采取根颈培土可以减小温差，提高根
颈的越冬能力。树体涂白可杀死一些虫卵、病菌，同时可防止日烧
及动物危害树体。越冬前灌封冻水已经是北方核桃园一项重要的防
寒技术措施。其主要作用是贮备较多的水分，以满足冬末春初根系

生长和树液流动、进入生长时期的水分需要，同时对于缓解冻害也有重要作用。有条件的地方还可以喷洒专用防冻保水剂、抑制蒸腾剂等，都可以收到较好的效果。

图 8-5　小树套塑料袋装土越冬

图 8-6　较大的树双层套袋越冬

（二）减灾措施

1. 树干保护　冻害发生后，为防止冻害加重和腐烂病的大发生，应立即进行树干涂白工作。清除树干周围积雪，促使地温回升。地表解冻后，幼树以树干为中心，铺设 $1\sim1.2$ 米^2 的塑料薄膜，以提高根系层温度，促进及早生长。

2. 施肥浇水　土壤解冻后至萌芽前（3 月上中旬）施肥浇水 1

次，以提高树势。大树株施有机肥 50 千克，尿素 1~2 千克。幼树株施尿素 0.2~0.5 千克，施肥后马上浇水。展叶后喷施 0.1%~0.3%尿素和磷酸二氢钾混合液进行叶面追施。

3. 适时修剪　对冻害树在芽萌动至展叶前（3 月中下旬至 4 月中旬）分清枝干冻害部位，进行适时适度修剪，剪除枝干枯死部分。5 月上、中旬，对修剪后枝条上的萌枝、新梢进行选留工作。选择培养新的骨干枝及结果枝组。剪除背上枝、直立枝、过密枝、交叉枝等，尽快恢复树势、树形。

4. 防治腐烂病　核桃树遭受冻害后，易发生腐烂病。一经发现，要及时防治。刮除病斑，并用 5~10 波美度石硫合剂涂抹消毒，同时将刮下的病斑组织集中烧毁。

5. 幼树补植　对核桃幼树园，于 3 月中、下旬进行苗木补植工作。

第九章

核桃园的清洁管理

核桃园的清洁管理十分重要。随着我国无公害核桃栽培的发展进程，核桃园在使用农药、化肥、生长调节剂、机械等方面的管理逐步提上了议事日程。一个清洁的核桃园不仅看着舒服，管理也方便，所提供的核桃产品健康、放心。

一、核桃园保洁

标准化核桃园的生产必须做好保洁工作。在一年的生产活动中，要经过多种程序，每一项工作都要求快速、整洁、无污染。如育苗工作中发霉、腐烂种子的处理，土壤的消毒，出苗后塑料薄膜的捡拾收集等；核桃园修剪的枝条处理，伤口的保护，园地及道路的清理等；机械的维修、停放，燃料、工具的清洗保洁与存放；仓库里生产资料的堆放，包括肥料、药品、器具等；坚果、纸箱及加工机械设备的放置，鼠害的防控。整个核桃园行道路线、各类功能区均应整洁有序。

二、废枝条的利用

在现代核桃园里，每年的整形修剪都会产生相当多的废弃枝条，还有一部分是改接换优等形成的。这些废弃的枝条利用很少，主要用于农村燃料或堆肥使用，而相当多的残枝落叶不可避免地被堆放在田边、路旁和宅院附近，极易造成严重的环境污染。为了预防病虫害的侵染，目前已经研究出了枝条处理机，即枝条粉碎机。山东蓬莱果园介绍了果园废枝条的利用，值得借鉴。

在核桃无公害生产中，核桃园废枝条的利用已经提到了重要的议事日程。清除废枝条既可清洁核桃园，又能变废为宝。将粉碎后的木屑堆积加拌一些菌种，用地膜覆盖后进行有氧发酵，15～20天后即可进行树盘下覆盖，覆盖宽度1～1.5米，厚度25厘米，随后腐烂变成有机质，同时控制了杂草的滋生，核桃树下无需喷洒除草剂。

三、塑料、药瓶等废物的处理

核桃园同其他果园一样，每年有大量的废旧塑料薄膜、塑料条、塑料瓶，特别是农药、除草剂等废旧瓶子四处飞扬堆积，影响了核桃园的形象。果园管理者要有强烈的责任感，高度重视起来，通过分类保存，积攒起来一起处理掉。有些废旧品回收后又可重新利用。也有一些园子位置好，交通条件也好，成为游人的郊外旅游地。建议在消遣的位置安放一些垃圾桶，及时收集垃圾处理。同时，也要制作一些宣传标语警示教育，共同建设我们的核桃园，让核桃园更加清洁、舒适、清静、优雅、令人神往。让生产的核桃更加健康、环保！

第十章

核桃园成本管理与经营效益

经营好一个核桃园是一件不容易的事。特别是在农副产品市场逐年滑坡的今天，生产资料和工人工资在不断上涨，而产品价格在逐年下降。21 世纪初的十年间，核桃的价格在逐年上涨，每千克带壳核桃的价格从 22 元涨至 48 元，而 2013 年以后的带壳核桃由每千克 48 元下降到 22 元。当然了，优质的核桃在超市和电商那里价格仍然较高。究其原因：一是产量增加了；二是经济有所萧条，尤其是煤炭业的滑坡，酒店饮食行业的萎缩；三是进口带壳核桃的增加。这样使核桃产业同其他产业一样，受到了一定的影响。不过这也是一个产业升级调整阶段，刚性需求还是有的。严酷的现实也使经营者清醒了许多。核桃产业要获得理想的经济收益，必须重视科技，科学经营。

一、成本管理

核桃园由于生产周期较长，前期投入较大，成本回收较慢的特点，经营者的积极性不高。加之，近年来价格波动较大，政府的补贴减少，可以说是一个低谷。但冷静下来想想，中国的农业哪个产品稳定？这是一个共同点。农业科技的发展给了我们另一个思维：传统的经营思想理念需要调整，科技、科学的理念将进入我们的脑海。如何控制或降低成本，就是一个非常重要的理念。投资的项目之多，内容之丰富，时间之长，那么，如何才能提高投入产出比？

就需要进行成本管理。

（一）质量是前提

生产资料的购买首先是保证质量，没有质量的低成本会使管理更糟糕。如种苗问题，过去大量购买品种混杂、质量低劣的苗木，造成目前某些地方高接改优等问题。不仅没有少花钱，反而还增加了新的投资管理。又如购买有机肥，不同季节购买的肥料质量不同，价格也不同。又如安装滴灌系统，购买质量低下的材料使用寿命很短，带来的管理费用增加，得不偿失。

（二）及早准备

核桃园的投资随着面积的增大而增大，在项目设计中已经明确总投资和分年度投资。每年的投资与投资项目内容应当及早考虑，所需生产资料和用工应当合理并及时安排。急用急买一定花钱较多，而且质量还不好。在使用管理人员及技术人员上要慎重考虑。在使用普通工人方面也应该考虑周全。在生产力三要素中人是第一位的。同时核桃园随着树龄的增加，所使用的机械、工具等都在不断更新，必须及早准备。选用好的机械及工具工作效率高。日常使用的一次性的东西，或不能再次利用的东西，不要购买太贵的。用不完扔掉也是一种浪费。而能收回再次利用的东西，一定要爱护，教育工人养成珍惜资源、爱惜公司物品的好习惯。必要时要建立一定的规章制度，奖勤罚懒，培养五好工人。

（三）保养与维护

大型核桃园，需要购买的机械较多，保养与维护显得非常重要。使用的柴、机油应当一次性多购一些，当然了，安全存放更加重要。除选择技术好、热爱机械、勤快且细心的驾驶能手外，定期保养很重要。农忙期间，应该天天检查，清理挂陷在轮中的杂草、污泥等，磨短、磨坏的零件及时更换，做到常用常新。冬季及农闲的时候，机械要存放在无风吹雨打的地方。有些工具使用后及时清洗，然后擦油保存。有些液体用后要拧好盖，防止挥发。

二、经营效益

现代核桃园经营效益的高低是检验公司经营管理水平的试金石。公司经营的目的就是获得经济效益最大化。除控制生产成本外，还有很多方面的因素应该考虑。

（一）结果期与经营效益

核桃的结果期与品种有很大的关系。过去的晚实核桃类型，包括新选育出来的晚实品种，进入结果期都晚，早则 3～5 年，晚则 7～8 年，甚至十多年。结果晚意味着前期投入多，收回成本的时间长。对于一些较差的土地，实行林粮间作，选用晚实品种是一个明智的选择。况且晚实核桃适应性强，寿命长，算总体账经济效益还是不错的。早实类型或早实品种，进入结果期较早，一般第二年则可开花结果，但从经营的角度来讲，能早开花是一个特性。生产上一般要求 3～5 年才让结果，幼树期间以长树为主。结果早，进入结果盛期早，就意味着前期投入少，收回成本的时间早，而且由于侧芽结果比例高，容易成花的特点，在盛果期的产量也高，所以早实品种结果早经营效益高。但是早实品种需要的栽培条件较高，在肥水达不到该品种生长发育的需求时，核桃树会被结果多而累死。核桃树寿命缩短了，当然经营的经济效益也就低了。因此说，适地适树是个基本原则，违反经济发展规律是要受惩罚的。

（二）经济寿命与经营效益

经济寿命是指核桃树在生命活动期间能创造较多经济效益的时间。核桃树的经济寿命较长。在密植园中，晚实品种的经济寿命一般在 50～60 年，早实品种的经济寿命一般在 40～50 年。立地条件和管理水平与之有较大的关系。立地条件主要是地势与土壤。背风向阳、土层深厚则寿命长。管理水平主要是讲肥水管理、修剪和病虫害防治。肥水管理能满足核桃树生长发育的需要，修剪合理、伤口少，病虫害能得到及时有效的控制，核桃树的经济寿命就长，否则就短。经济寿命长，经营效益就长。零星栽植的核桃树和林粮间作的核桃树寿命很长，我国西藏加查县的核桃树寿命高达几千年。内地的核桃产区百年大树随处可见。

（三）产量与经营效益

一般来讲，产量高经营效益就高。但是，在树势连年衰弱的情况下，产量高不一定效益就高。因为生产的核桃个儿小，卖不上价格。因此，产量是在有质量的前提下才会有高效益。我们讲栽培条件、讲栽培品种、讲管理技术，就是要保证品质，提高产量，这样才有生产的意义。一般来讲，大个儿的品种产量较低，小个儿的品种丰产性强。

（四）质量与经营效益

我国目前核桃品种较多，有 100 多个，大个儿的品种较少，太小的品种也少，大约 60％是中等个儿的品种。从价格来讲，大个儿的价格高，如礼品 2 号、西林 3 号、鲁光等价格就较高，一般比小个儿的每千克高 6～10 元。但是大个儿的品种单果比例较多，产量较低。小果品种的坐果率较高，双果、三果比例较多。今后核桃经营效益还可能与专用品种有关。最近几年鲜果销售较好，而鲜果品种多为大个儿的好卖，价格也高。假如油用品种市场拓展，那么含油量较高的品种就会价格高。所以，核桃园经营效益的高低要考虑诸多方面。

（五）加工与经营效益

小型核桃园、分散农户，核桃的种植面积都不大，经营效益只与产量和品质有关。但是，大型核桃园或核桃种植大户，采收后会进行一系列的加工。即使简单的粗加工，也可增加经营效益。如进行分级和挑拣，采用各种类型的包装等进行销售。这样的经营效益要比销售混杂核桃要好得多。不少小商贩就是利用分散户的心理去低价收购核桃的，集中起来再行加工。现在，我们强调品种化，就是对于分散农户来讲也可粗加工，增加农民的年收入。

大型核桃园，或农场主，除自己生产的核桃外，还收购其他人的核桃，然后进行加工增值。绝大多数的经营者都在改进做法，提高经营效益。

（六）销售方式方法与经营效益

我国的核桃销售市场不够规范，很少有固定的市场，即使有，经营者也不去，常常是小商贩到农户收购，或公司的人去乡下收购，信息不很畅通。近几年出现了电商这一新型销售渠道，很火，好的核桃在网上销售，价格不菲。各地应当总结经验，建立销售渠道。在这方面云南、陕西、甘肃做得不错，目前已经建立了较好的销售平台。政府既要推动产业发展，更要帮助农户开拓销售市场。特别是贫困山区的核桃产业更应该关注，解决好贫困农民的经济发展。

（七）成本与经营效益

核桃园降低经营成本，需要做严密的计划管理，把美好的愿望变为现实。而掌握核桃管理的科学技术，充分发挥科技在核桃产业发展中的作用就比较困难。需要培养一批合格的技术人才。技术管理好，就可以减少成本，开源节流，真正实现降低成本，提高经营效益。开拓核桃产品的营销市场，改善坚果品质，会使核桃这一传统的农村、农民的经济支柱产业发展的更好。

主 要 参 考 文 献

【美】戴维·雷蒙斯，1990. 奚声珂，花晓梅，译. 核桃园经营［M］. 北京：中国林业出版社.

高海生，刘秀凤，等. 2007. 核桃贮藏与加工技术［M］. 北京：金盾出版社.

郝艳宾，王贵. 2008. 核桃精细管理十二个月［M］. 北京：中国农业出版社.

吕赞韶，王贵，等. 1993. 核桃新品种优质高产栽培技术［M］. 太原：山西高校联合出版社.

裴东，鲁新政. 2010. 中国核桃种质资源［M］. 北京：中国林业出版社.

王贵，等. 2004. 干旱丘陵区整地栽培核桃的效果［J］. 落叶果树，36（3）：34-36.

王贵，等. 2008. 核桃新品种'晋香'［J］. 园艺学报（3）.

王贵，等. 2008. 我国核桃标准化生产的若干问题［M］. 昆明：云南科技出版社.

王贵，等. 2010. 核桃丰产栽培实用技术［M］. 北京：中国林业出版社.

王贵，等. 2015. 现代核桃修剪手册［M］. 北京：中国林业出版社.

郗荣庭，等. 2015. 核桃中国果树科学与实践［M］. 西安：陕西科学技术出版社.

郗荣庭，刘孟军. 2005. 中国干果［M］. 北京：中国林业出版社.

原双进，刘朝斌. 2005. 核桃栽培新技术［M］. 杨凌：西北农林科技大学出版社.

D. L. MCNEIL. 2010. Proceedings of the Ⅵ International Walnut Sympocium ISHS［C］.

Book of Abstracts Ⅶ International Walnut Symposium［C］. 2013. Fenyang, China. 20-23.

附　　录

附录 1

核桃园全年管理历

月份	节气	物候期	主要工作内容
1～2 月	小寒、大寒立春、雨水	休眠期	整修地堰、垒作树盘。防治介壳虫、腐烂病。修剪枯枝，清理树叶杂草。备肥
3 月	惊蛰、春分	萌芽期	刨树盘冻死越冬虫茧。春浇作畦。采穗封剪口。检查层积种子。枝接育苗。喷 5 波美度石硫合剂防治病虫
4 月	清明、谷雨	萌芽展叶	播种育苗，未层积处理的种子浸泡裂口后播种。疏雄。接枝育苗。展叶呈握手状时高接。展叶后可修剪小枝
5 月	立夏、小满	开花坐果	高接树除萌。防治金龟子等食叶害虫。刮治腐烂病。疏花疏果或保花保果。苗期除草、浇水，高接树逐渐放风，设立支柱，除萌
6 月	芒种、夏至	新梢生长果实膨大	重点防治举肢蛾、天牛、瘤蛾。夏剪、芽接。大树追施氮、磷肥，浇水、中耕除草。苗圃叶面喷肥。高接树除萌、绑缚防风折。芽接补接
7 月	小暑、大暑	果实硬核花芽分化	地面撒药杀死举肢蛾老熟脱果幼虫。树上防治木橑尺蠖、袋蛾、天牛及黑斑病。追施磷钾肥，压绿肥，浇水
8 月	立秋、处暑	核仁充实成熟	防治举肢蛾、刺蛾、中耕除草，高接树摘心，喷生长调节剂控制旺长，松绑一次，防止缢伤
9 月	白露、秋分	果实成熟	采收，脱青皮，漂洗，晾晒，贮藏坚果。整形修剪。施基肥
10 月	寒露、霜降	叶变黄落叶	整形修剪，施基肥，深翻扩穴。防治浮尘子，高接树去绑枝等，清理接口部位
11 月	立冬、小雪	落叶	起苗，分级，假植，越冬保护，耕翻园地，灌水
12 月	大雪、冬至	休眠	清理园地，翻地，施肥，浇冬水。整修地堰、树盘。秋播，层积种子，树干涂白，喷 5 波美度石硫合剂

附录 2

农家肥的肥分、性质和施用

类别	肥料名称	三要素含量（%）			性质和使用方法
		氮（N）	磷（P$_2$O$_5$）	钾（K$_2$O）	
粪尿类	人粪尿	0.5～0.8	0.2～0.4	0.2～0.3	①尿酸性，含氮为主，分解后能被植物吸收，肥效快 ②腐熟后使用，可作底肥或追肥
	猪粪尿	0.50	0.35	0.40	①腐熟后施入，改良土壤 ②作种肥有利于保墒、苗全 ③尿碱性，肥分含量高、劲大、暖性肥
	牛粪尿	0.40	0.13	0.60	①腐熟后施入。 ②尿碱性，粪质细，腐烂慢，冷性肥
	马粪尿	0.70	0.50	0.55	①尿碱性，劲短，热性肥 ②马粪中含有纤维分解细菌，用作堆肥材料，可加速堆肥腐烂
	羊粪尿	0.95	0.35	1.00	①尿碱性。粪含水少，养分浓厚，分解快，燥性肥 ②圈内积存，不能晒，随出、随施、随盖 ③与猪、牛粪混合堆肥，肥效长
	鸡粪	1.63	1.54	0.85	
	鸭粪	1.10	1.40	0.62	①新鲜禽粪中的氮主要有尿酸盐类，不能直接为植物吸收，迟效肥 ②不宜新鲜使用，宜腐熟后施用 ③宜干燥贮存，否则易发生高温氮素损失
	鹅粪	0.55	0.50	0.95	

（续）

类别	肥料名称	三要素含量（%）			性质和使用方法
		氮（N）	磷（P$_2$O$_5$）	钾（K$_2$O）	
厩肥	岩鸟粪	1.77	5.85	0.88	①含磷量高，氮酸多，宜作底肥用 ②有机质含量高，迟效，劲长 ③宜掺入沙土、黏土，改良土壤
	猪厩肥	0.45	0.19	0.60	
	牛厩肥	0.34	0.16	0.40	
	土粪	0.12～0.58	0.12～0.63	0.26～1.58	
土杂肥	一般堆肥	0.4～0.5	0.18～0.26	0.45～0.70	①有机质含量较高，肥效较好 ②河泥宜施入黏质土地，改良土壤 ③沟泥冻前起泥，晒干打细，作底肥
	垃圾堆肥	0.33～0.36	0.11～0.39	0.17～0.32	
	草原沤肥	0.10～0.32	0.11～0.39	0.17～0.32	
	绿肥沤肥	0.21～0.40	0.14～0.16	0.17～0.32	
	塘泥	0.20	0.16	1.00	
	沟泥	0.44	0.49	0.56	
	河泥	0.29	0.36	1.82	
灰肥	草木灰		3.50	7.50	①碱性。有效成分主要是钾，并含有较多的钙、磷，以及少量的硼、钼微量元素 ②适宜于酸性土、黏土，不宜与人粪尿混合使用，可与农家肥混用
	木灰		3.10～3.41	5.92～12.4	
	草灰		2.11～2.36	8.09～10.2	
	糠灰		0.62	0.67	
	稻草灰		0.59	8.09	
	麦秆灰		6.40	13.60	
饼肥	花生饼	6.32	1.17	1.34	①含有机质多，75%～85%，氮素较丰富，还有一定数量的磷、钾和微量元素。饼肥中的磷不能直接为植物吸收，因含有油脂，分解较慢，但肥效稳定、持久 ②饼肥应捣碎沤熟后施用
	棉籽饼	3.41	1.63	0.97	
	芝麻饼	5.80	3.00	1.30	
	菜籽饼	4.60	2.48	1.40	
	桐籽饼	3.60	1.30	1.30	

（续）

类别	肥料名称	三要素含量（%）			性质和使用方法
		氮（N）	磷（P_2O_5）	钾（K_2O）	
饼肥	蓖麻饼	5.00	2.00	1.90	①含有机质多，75%～85%，氮素较丰富，还有一定数量的磷、钾和微量元素。饼肥中的磷不能直接为植物吸收，因含有油脂，分解较慢，但肥效稳定、持久 ②饼肥应捣碎沤熟后施用
	米糠饼	2.33	3.01	1.76	
	苍籽饼	4.47	2.50	1.74	
	大豆饼	7.00	1.32	2.13	
动物性杂肥	生骨粉	4.05	22.80	—	①养分含量高，但因含蜡质，不易腐熟。宜作基肥。用量不宜过多 ②宜与堆肥、厩肥一起堆积腐熟后作基肥用

附录 3

主要绿肥成分表

绿肥种类	鲜草成分（%）			干草成分（%）		
	N	P_2O_5	K_2O	N	P_2O_5	K_2O
紫穗槐	1.32	0.30	0.79	3.02	0.68	1.81
紫花苜蓿	0.56	0.18	0.31	0.53	0.53	1.49
红三叶	0.36	0.06	0.24	2.10	0.34	1.40
草木樨	0.71	0.23	0.61	2.46	0.38	2.16
毛苕子	0.47	0.09	0.45	2.35	0.48	2.26
光叶苕子	0.56	0.13	0.43	—	—	—
柽　麻	0.65	0.15	0.31	2.98	0.50	1.10
田　菁	0.50	0.15	0.25	—	—	—
黑　豆	0.58	0.08	0.73	1.80	0.27	2.31
绿　豆	0.52	0.12	0.93	2.08	0.52	3.90
荞　麦	0.46	0.12	0.35	—	—	—
油　菜	0.43	0.26	0.44	2.52	0.53	2.57
蚕　豆	0.55	0.12	0.45	2.75	0.60	2.25
豇　豆	—	—	—	2.54	0.99	1.38
箭舌豌豆	0.58	0.30		—	—	—
沙打旺	—	—	—	2.63	0.34	—
聚合草	—	—	—	4.42	1.74	7.60
豌　豆	0.51	0.15	0.52	—	—	—

附录 4

核桃园内间作绿肥特性表

种类	播种期	每 667 米² 播种量（千克）	压青或杀割时期	每 667 米² 产草量（千克）	特性
绿豆	春夏	2	播后 60 天左右（盛花期）	1 000~1 500	一次播种，一次翻压，生长快，易腐烂，耐旱，耐瘠，不耐涝
乌豇豆	春夏初秋	4~5	播种后 50 天左右（盛花期）	1 000~1 500	一次播种，一次翻压，生长快，年内可多种多压，易腐烂，作夏绿肥
光叶紫花苕子	秋季	2~3	晚春~初夏（盛花期）	1 500~2 000	枝叶茂密，易腐烂，肥效高，耐阳，耐瘠，耐旱，不耐涝
光叶苕子	秋季	2.5~3.5	晚春~初夏（盛花期）	2 000~2 500	产量高，易腐烂，根系发达，防风固沙，改良沙地效果好，耐瘠，耐旱，不耐涝
沙打旺	春季	0.5~1	第一年秋割 1 次，第 2~4 年每年杀割 2~3 次	—	极耐旱，耐瘠；一次播种可利用 3~5 年，但第一年生长缓慢。改土效果好，适合沙荒和幼龄果园
苜蓿	春秋夏	0.7~1	第一年秋割 1 次，第 2~4 年每年杀割 3~4 次	2 000~3 000	一次播种可利用 3~5 年，耐旱，耐寒，耐盐碱，不耐涝

附录 5

常用肥料混合使用表

肥料种类	人粪尿	厩肥	硝酸铵	尿素	骨粉	氯化钾	硫酸钾	过磷酸钙	氯化铵	草木灰	油饼
人粪尿		+	○	○	+	+	+	+	+	×	+
厩肥	+		+	+	+	+	+	+	+	×	+
硝酸铵	○	+		+	+	+	+	○	+	×	+
尿素	○	+	+		+	+	+	+	+	+	+
骨粉	+	+	+	+		+	+	+	+	×	+
氯化钾	+	+	+	+	+		+	+	+	+	+
硫酸钾	+	+	+	+	+	+		+	+	○	+
过磷酸钙	+	+	○	+	+	+	+		+	○	+
氯化铵	+	+	+	+	+	+	+	+		×	+
草木灰	×	×	×	+	×	+	○	○	×		+
油饼	+	+	+	+	+	+	+	+	○	+	

注："＋"可以随时混合，"×"不能混合，"○"虽可混合，但不能久置。

附录 6

几种常用化肥性质和应用时的注意事项

1 氮肥

（1）尿素 含氮量 45%～46%；白色或淡黄色针状结晶（或颗粒），吸湿性较强，氮的形态为酰胺态。肥效稍慢于硝酸铵，含氮量较高，不宜作种肥用。

（2）硫酸铵 含氮量 20%～21%；白色结晶，生理酸性，有吸湿性，易溶于水，氮的形态为铵态，不可与石灰、草木灰混合使用，在酸性土地区使用应注意土壤酸化问题，在碱性土地使用应注意盖土，以防铵的挥发。

（3）硝酸铵 含氮量 32%～35%；白色结晶，有吸湿性和爆炸性，结块时不可密闭猛击，氮的形态为铵-硝酸态；易受潮结块，应该用一袋开一袋，如一袋用不完，应放在桶或缸内，加盖防潮。所含硝态氮不能被土壤胶体吸附，容易流失，不应与碱性肥料混合。

（4）碳酸氢铵 含氮量 17%；白色结晶，有吸湿性，常温下（10～40℃）随温度的提高而加快分解，常压下 69℃ 可全部分解。易挥发，不宜在温室用，以免灼伤作物；用作追肥时要求深施盖土。

（5）氯化铵 含氮量 25%～26%；白色或淡黄色结晶，粉末或粒状，吸湿性大于硫酸铵，而小于硝酸铵，易溶于水，氮的形态为铵态。不可与石灰、草木灰等混合，不宜在盐碱土上使用，不宜作种肥。不适于烟草、甘薯、马铃薯、葡萄、葱等忌氯作物。

（6）石灰氮 含氮量 20%～22%；黑色或暗灰色极细的粉末，有吸湿性，吸湿后体积膨大，质量降低，有毒；氮的形态为酰胺态。在土壤中未充分转化时会产生氰胺毒死种子。如作基肥应在播种前半月施用，如作追肥可先加 10 倍土混合堆积，20 天以后施用。碱性土不宜用。

2. 磷肥

（1）过磷酸钙 含磷量 14%～20%；灰白色粉末，稍有酸味，酸性，易与土中钙、铁等元素合成不溶性盐。不宜与碱性肥料混合贮存，酸性土要先施石灰，6～7 天后再施用。最好与有机肥拌和后作基肥用。

（2）重过磷酸钙　含磷量 36%～52%；性质与注意事项与过磷酸钙同。

（3）磷矿粉　含磷量 14%～36%；灰褐色粉末，其中大部分的磷酸根很难溶解于弱酸，一般只有 3%～5%的磷酸溶于柠檬酸，其余迟效部分可逐步转化为作物吸收。宜在酸性土壤中施用。在石灰性土壤上施用时，要与土充分混合。由于肥效慢，宜作基肥用，或与有机肥堆沤后使用。

（4）钙镁磷　含磷量 16%～18%；灰褐色或绿色粉末，含有可溶于柠檬酸的磷酸 14%～20%，碱性肥料，不吸湿，易保存，运输方便。用作果树基肥好。适用于酸性土壤。

（5）钢渣磷肥（汤姆斯磷肥）　含磷量 5%～14%；不溶于水，能溶于 2%的柠檬酸中。宜在酸性土壤中施用。因肥效慢，不宜作追肥，宜作基肥，但要与有机物混合堆制，深施在果树根系土层中效果较好。

3. 钾肥

（1）硫酸钾　含钾量 48%～52%；白色结晶，易溶于水，吸湿性较小，贮存时不结块，稍有腐蚀性，生理酸性。可作基肥、追肥用。

（2）硝酸钾　含钾量 45%～56%；纯品为白色结晶，有助燃性，不宜存放在高温或有易燃品的地方。可作基肥或追肥用。

（3）氯化钾　含钾量 50%～60%；白色结晶，工业品略带黄色，易溶于水，生理酸性。可作基肥或追肥用。

4. 复合肥

（1）磷酸一铵　主要成分 $NH_4H_2PO_4$；含氮量 11%～12%，含磷量 52%。

（2）磷酸二铵　主要成分（NH_4）$_2HPO_4$；含氮量 16%～18%，含磷量 46%～48%。

（3）磷酸铵 主要成分 $NH_4H_2PO_4 +$ $(NH_4)_2HPO_4$；含氮量 18%，含磷量 46%。

（4）液体磷酸铵 主要成分 $NH_4H_2PO_4 +$ $(NH_4)_2HPO_4$；含氮量 6%～8%，含磷量 18%～24%。

（5）磷酸二氢钾 主要成分 KH_2PO_4；含磷量 52%，含钾量 34%。

（6）偏磷酸钾 主要成分 KPO_3；含磷量 60%，含钾量 40%。

（7）硫酸铵 主要成分 $(NH_4)_2SO_4 + NH_4H_2PO_4$；含氮量 20%，含磷量 20%。

（8）尿磷铵 主要成分 $CO(NH_2)_2 + NH_4H_2PO_4$；含氮量 20%，含磷量 26%。

（9）硝酸钾 主要成分 KNO_3；含氮量 13%，含钾量 46%。

（10）硝酸磷肥 主要成分硝铵、磷酸二钙、磷酸一铵；含氮量 18%，含磷量 12%。

5. 微量元素肥料

（1）硼肥 种类有硼酸、硼砂、硼镁肥。宜与有机肥混合施用，也可以把硼肥和磷肥混合制成颗粒肥料施用或用作根外追肥。施用浓度硼酸 0.025%～0.10%，硼砂 0.05%～0.20%，硼镁肥 0.25%。

（2）锰肥 有硫酸锰；为粉红色结晶，含锰 24.6%，溶于水，施用后能直接被作物吸收，可作基肥或追肥。根外追肥浓度 0.06%～0.08%，为了减少烧叶现象，配制溶液时常加 0.15% 熟石灰。

（3）铜肥 种类有硫酸铜和黄铁矿渣。硫酸铜为蓝色结晶，溶于水，含铜 25.9%，一般作基肥时每公顷 22.5～30 千克，也可用作根外追肥，浓度 0.01%～0.02%。黄铁矿渣是制硫酸后的残渣，含铜 0.5% 左右，作基肥时每公顷 450～600 千克，施一次肥效可达 3～4 年。

（4）锌肥 硫酸锌，含锌 40.5%，能溶于水，可作基肥或追肥，作根外追肥浓度 0.05%～0.15%。可防治小叶病。

（5）钼肥 钼酸铵，含钼 50%，根外追肥用浓度 0.02%。

附录7

无公害水果中农药残留、重金属及其他有害物质最高限量（MBL）国家标准

项　目	指标（毫克/千克）	项　目	指标（毫克/千克）
马拉硫磷	不得检出	地亚农	≤0.5
对硫磷	不得检出	尼索朗	≤0.5
甲基对硫磷	不得检出	除虫脲	≤1.0
甲拌磷	不得检出	灭幼脲	≤3
久效磷	不得检出	甲萘威	≤2.5
氧化乐果	不得检出	双甲脒	≤0.5（梨果）
克百威	不得检出	克螨特	≤5（梨果）
水胺硫磷	≤0.02	四螨嗪	≤1
六六六	≤0.1	亚胺硫磷	≤0.5
DDT	≤0.1	西维因	≤2.5
敌敌畏	≤0.2	氯苯嘧啶醇	≤0.1
敌百虫	≤0.1	百菌清	≤1.0
杀螟硫磷	≤0.4	多菌灵	≤0.5
倍硫磷	≤0.05	代森锰锌	≤5（小粒水果）
辛硫磷	≤0.05	代森锰锌	≤3（梨果）
氯氰菊酯	≤2.0	甲霜灵	≤1（小粒水果）
溴氰菊酯	≤0.1	克菌丹	≤15
氰戊菊酯	≤0.2	扑海因	≤10
顺式氰戊菊酯	≤2	三唑酮	≤0.2
三氟氯氰菊酯	≤0.2	异菌脲	≤10（梨果）
氯氟氰菊酯	≤0.2（梨果）	草甘膦	≤0.1
氟氰戊菊酯	≤0.5	苯丁锡	≤5

附 录

项 目	指标（毫克/千克）	项 目	指标（毫克/千克）
二氯苯醚菊酯	≤2.0	砷（以 As 计）	≤0.5
氯菊酯	≤2	汞（以 Hg 计）	≤0.01
抗蚜威	≤0.5	铅（以 Pb 计）	≤0.2
溴螨酯	≤5	铬（以 Cr 计）	≤0.5
二嗪磷	≤0.5	镉（以 Cd 计）	≤0.03
毒死蜱	≤1（梨果）	锌（以 Zn 计）	≤5.0
噻螨酮	≤0.5（梨果）	铜（以 Cu 计）	≤10.0
三唑锡	≤2（梨果）	氟（以 F 计）	≤0.5
乙酰甲胺磷	≤0.5	亚硝酸盐（以 $NaNO_2$ 计）	≤4.0
乐果	≤1.0	硝酸盐（以 $NaNO_3$ 计）	≤400
天王星	≤1.0		

附录 8

无公害农药名单及果菜禁用农药

一、禁用农药名单

六六六、滴滴涕、毒杀芬、二溴氯丙烷、杀虫脒、二溴乙烷、除草醚、艾氏剂、狄氏剂、汞制剂、砷类、铅类、敌枯双、氟乙酰胺、甘氟、毒鼠强、氟乙酸钠、毒鼠硅、甲胺磷、甲基对硫磷、对硫磷、久效磷、磷胺、苯线磷、地虫硫磷、甲基硫环磷、磷化钙、磷化镁、磷化锌、硫线磷、蝇毒磷、治螟磷、特丁硫磷、氯磺隆、福美肿、福美甲肿、胺苯磺隆单剂、甲磺隆单剂、百草枯水剂、胺苯磺隆复配制剂、甲磺隆复配制剂。

三氯杀螨醇自 2018 年 10 月 1 日起，全面禁止在国内销售和使用。

禁止在蔬菜、果树、茶树、中草药材使用甲拌磷、甲基异柳磷、内吸磷、克百威、涕百威、涕灭威、灭线磷、硫环磷、氯唑磷。

二、无公害农药名单

无公害农药指对人畜及各种有益生物毒性小或无毒，易分解，不造成对环境及农产品污染的高效、低毒、低残留、安全的农药。

［根据全国农业技术推广中心 2002 年 7 月 1 日公布的"农技植保（2002）31 号"文件整理］

（一）杀虫、杀螨剂

1. 生物制剂和天然物质 苏云金杆菌、甜菜夜蛾核多角体病毒、银纹夜蛾核多角体病毒、小菜蛾颗粒体病毒、茶尺蠖核多角体病毒、棉铃虫核多角体病毒、苦参碱、印楝素、烟碱、鱼藤酮、苦皮藤素、阿维菌素、多杀霉素、浏阳霉素、白僵菌、除虫菊素、硫黄。

2. 合成制剂

①菊酯类：溴氰菊酯、氟氯氰菊酯、氯氟氰菊酯、氯氰菊酯、联苯菊酯、氰戊菊酯、甲氰菊酯、氟丙菊酯。

②氨基甲酸酯类：硫双威、丁硫克百威、抗蚜威、异丙威、速灭威。

③有机磷类：辛硫磷、毒死蜱、敌百虫、敌敌畏、马拉硫磷、乙酰甲胺磷、乐果、三唑磷、杀螟硫磷、倍硫磷、丙溴磷、二嗪磷、亚胺硫磷。

④昆虫生长调节剂：灭幼脲、氟啶脲、氟铃脲、氟虫脲、除虫脲、噻嗪酮、抑食肼、虫酰肼。

⑤专用杀螨剂：哒螨灵、四螨嗪、唑螨酯、三唑锡、炔螨特、噻螨酮、苯丁锡、单甲脒、双甲脒。

⑥其他：杀虫单、杀虫双、杀螟丹、甲氨基阿维菌素、啶虫脒、吡虫啉、灭蝇胺、氟虫腈、溴虫腈、丁醚脲。

（二）杀菌剂

1. 无机杀菌剂　碱式硫酸铜、王铜、氢氧化铜、氧化亚铜、石硫合剂。

2. 合成杀菌剂　代森锌、代森锰锌、福美双、乙膦铝、多菌灵、甲基硫菌灵、噻菌灵、百菌清、三唑酮、三唑醇、烯唑醇、戊唑醇、己唑醇、腈菌唑、乙霉威·硫菌灵、腐霉利、异菌脲、霜霉威、烯酰吗啉·锰锌、霜脲氰·锰锌、邻烯丙基苯酚、嘧霉胺、氟吗啉、盐酸吗啉胍、恶霉灵、噻菌铜、咪鲜胺、咪鲜胺锰盐、抑霉唑、氨基寡糖素、甲霜灵·锰锌、亚胺唑、春·王铜、恶唑烷酮·锰锌、脂肪酸铜、松脂酸铜、腈嘧菌酯。

3. 生物制剂　井冈霉素、农抗 120、菇类蛋白多糖、春雷霉素、多抗霉素、宁南霉素、农用链霉素。

（三）生长调节剂

赤霉素类、乙烯利、矮壮素等天然存在的植物生长调节剂。

附录 9

石硫合剂稀释表

原液浓度 \ 稀释倍数 \ 使用浓度	5	1	0.5	0.3	0.2
15	2.2	15.6	32.5	56	82
16	2.5	16.8	34.8	60	89
17	2.7	18.7	37.3	63	95
18	3.0	19.4	39.8	68	102
19	3.2	20.7	42.5	73	108
20	3.5	22.0	45.1	77	114
21	3.8	23.4	47.8	82	122
22	4.0	24.7	51.0	86	128
23	4.3	26.1	53.0	91	131
24	4.6	27.5	56.0	96	143
25	4.8	29.0	59.0	101	150
26	5.1	30.4	62.0	106	157
27	5.4	31.9	65.0	110	165
28	5.7	33.3	68.0	116	172
29	6.0	34.8	71.0	120	179
30	6.3	36.5	74.0	126	188
31	6.6	38.1	77.0	131	196
32	7.0	39.7	81.0	137	204

注：石硫合剂浓度为波美度。

附录 10

常用农药混合使用表

农药名称	有机磷类	有机氮类	有机氯杀螨类	拟除虫菊酯类	砷酸钙	松碱合剂	波尔多液	石硫合剂	有机砷杀菌剂	有机硫杀菌剂	硫氯杀菌剂	肥皂	石灰
有机磷类		+	+	+			⊕	±	+	+	+	—	—
有机氮类	+		+	+			—	—	+	+	+	—	—
有机氯杀螨类	+	+		+	+	+	+	+	+	+	+	+	+
拟除虫菊酯类	+	+	+		⊕	—	⊕	⊕	+	+	+	⊕	—
砷酸钙	—	—	+	⊕		+	—	+	+				+
松碱合剂	—	—	+	—	+		—	—	—	—	—	+	
波尔多液	⊕	—	+	⊕	—	—			+				+
石硫合剂	⊕	—	+	⊕	+	—			+		—		+
有机砷杀菌剂	+	+	+	+	+	—	+	+		+	+		
有机硫杀菌剂	+	+	+	+		—			+		+		
硫氯杀菌剂	+	+	+	+		—		—	+	+			
肥皂	—	—	+	⊕		+							—
石灰		—	+	—	+		+	+	+			—	

注："＋"可以混用；"⊕"应随混随用，有些混用时要略为提高浓度，才能保持药效；"±"在一定条件下可以混用，特别是乳化剂能否混合的问题；"一"不能混用。

附录 11

农药稀释用水量查对表

用药量 稀释倍数	7.5	10	12.5	15	17.5	20	22.5	25	27.5	30	备注
100	75.5	100.0	125.0	150.0	175.0	200.0	225.0	250.0	275.0	300.0	
200	37.5	50.0	62.5	75.0	87.5	100.0	112.5	125.0	137.5	150.0	
300	25.0	33.4	41.8	50.0	58.5	66.8	75.2	83.5	91.8	100.2	
400	18.8	25.0	31.3	37.5	43.8	50.0	56.3	62.5	68.8	75.0	
500	15.0	20.0	25.0	30.0	35.0	40.0	45.0	50.0	55.0	60.0	
600	12.5	16.7	20.8	25.0	29.2	33.3	37.5	41.7	45.3	50.0	①稀释倍数:
700	10.7	14.3	17.9	21.0	25.0	28.7	32.1	35.7	39.3	42.8	指每千克农
800	9.4	12.5	15.7	18.8	21.9	25.0	28.1	31.3	34.4	37.5	药,兑水千
900	8.3	11.1	13.9	16.7	19.5	22.0	25.0	27.8	30.6	33.4	克数。②用
1 000	7.5	10.0	12.5	15.0	17.5	20.0	22.5	25.0	27.5	30.0	药量:液剂
1 500	5.0	6.7	8.3	10.0	11.7	13.3	15.0	16.7	18.3	20.0	以毫升计算,
2 000	3.8	5.0	6.3	7.5	8.8	10.0	11.3	12.5	13.8	15.0	粉剂以克
2 500	3.0	4.0	5.0	6.0	7.2	8.0	9.0	10.0	11.0	12.0	计算
3 000	2.5	3.3	4.2	5.0	5.9	6.7	7.5	8.4	9.2	10.0	
3 500	2.1	2.9	3.6	4.3	5.0	5.7	6.4	7.2	7.9	8.6	
4 000	1.9	2.5	3.1	3.8	4.4	5.0	5.6	6.3	6.9	7.5	

图书在版编目（CIP）数据

现代核桃管理手册／王贵主编．—北京：中国农业出版社，2017.8（2018.10 重印）

ISBN 978-7-109-23167-2

Ⅰ.①现…　Ⅱ.①王…　Ⅲ.①核桃－果树园艺－手册　Ⅳ.①S664.1－62

中国版本图书馆 CIP 数据核字（2017）第 172018 号

中国农业出版社出版

（北京市朝阳区麦子店街 18 号楼）

（邮政编码 100125）

责任编辑　张　利　王黎黎

北京通州皇家印刷厂印刷　新华书店北京发行所发行

2017 年 8 月第 1 版　2018 年 10 月北京第 4 次印刷

开本：880mm×1230mm　1/32　印张：3.875　插页：5

字数：97 千字

定价：20.00 元

（凡本版图书出现印刷、装订错误，请向出版社发行部调换）

核桃主要病害形

枝枯病 *Melanconium oblongum* Berk

属于真菌性病害，是一种弱寄生菌，主要为害顶梢嫩枝。

核桃枝枯病病原菌形态 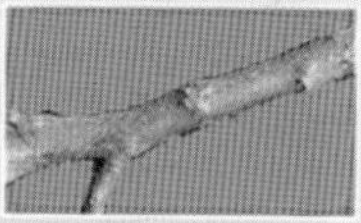　　核桃枝枯病为害枝干症状 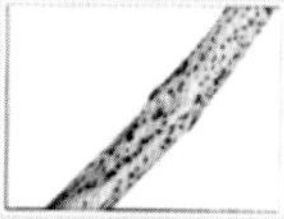　　受害枝干上着生的黑色小粒点　　受害的核桃枝干

腐烂病 *Cytospora juglangis* (DC.) Sacc.

又称烂皮病、黑水病。属于真菌性病害，病原菌为半知菌亚门的核桃壳囊孢菌。幼树多在主干和骨干枝上发病。

为害症状1 　　为害症状2 　　为害症状3 　　为害症状4 　　为害症状5

黑斑病 *Xanthomonas campestris* pv. *juglandis* (Pierce) Dowson

又称黑腐病，属于细菌性病害，病原菌为黄单胞杆菌属的甘蓝黑腐黄单胞菌核桃黑斑至病型。主要为害果实及叶片。

为害叶片症状1 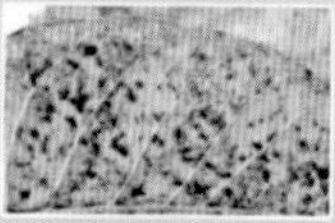　　叶片发病症状2 　　叶片发病症状3 　　幼果发病症状

褐斑病 *Marssonina juglandis* (Lib.) Magn.

由真菌侵染引起，为害叶片、嫩梢和果实。

为害叶片症状1 　　为害叶片症状2 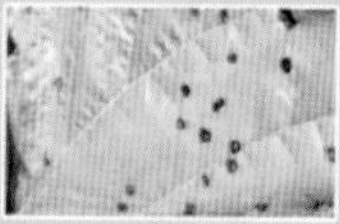　　为害叶片症状3 　　为害叶片症状4

附图2　核桃

态特征及为害症状

炭疽病 *Gloeosporium fructigenum* Berk

属于真菌性病害，病原菌为子囊菌亚门的围小丛壳菌，其无性阶段为半知菌亚门的胶孢炭疽病。主要为害果实及叶片。

病原菌形态

初期症状

后期症状

叶片症状

溃疡病 *Botryosphaeria dothidea*

属于真菌性病害，病原菌为半知菌亚门腔孢纲球壳孢目聚生小穴壳菌。主要为害幼树的主干和嫩枝。

发病症状1

发病症状2

发病症状3

发病症状4

发病症状5

根腐病 *Fusarium* spp.

属于真菌性病害，病原菌为半知菌亚门丝孢纲瘤座孢目瘤座孢科镰刀孢属。

发病症状1

发病症状2

发病症状3

发病症状4

发病症状5

白粉病 *Microsphaera yamadai*

属于真菌性病害，主要为害叶、幼芽和新梢。

叶片为害症状1

叶片为害症状2

叶片为害症状3

叶片为害症状4

桃主要病害形态特征及为害状